建筑电气与智能化系列

建筑电气CAD实用教程

主　编　王　佳
副主编　梁海霞
参　编　李　佳　王晓辉　周小平

内 容 提 要

本书从一名电气设计工程师的角度，以实际工程为例讲授绘制电气施工图的思路、步骤和具体操作过程，并从如何绘制照明和动力平面图和系统图，如何绘制弱电电气工程图，如何绘制建筑防雷与接地电气工程图，如何绘制变配电室电气工程图，如何进行照度计算、负荷计算、电压损失计算和短路电流计算等几个专题展开，通过翔实的操作说明以及大量的图片，使读者轻而易举地就可以按步操作，完成整套电气施工图纸的绘制工作。同时，还将介绍如何将设计软件个性化，使设计者的工作更加轻松自如。

本书既可作为建筑电气工程技术人员轻松跨入设计院的参考书，也可作为高等院校相关专业的培训教材。

图书在版编目(CIP)数据

建筑电气 CAD 实用教程/王佳主编. —北京：中国电力出版社，2014.1（2023.1重印）

ISBN 978-7-5123-5029-8

Ⅰ.①建… Ⅱ.①王… Ⅲ.①房屋建筑设备-电气设备-计算机辅助设计-AutoCAD软件-教材 Ⅳ.①TU85-39

中国版本图书馆 CIP 数据核字(2013)第 237583 号

中国电力出版社出版发行
北京市东城区北京站西街 19 号　100005　http://www.cepp.sgcc.com.cn
责任编辑：杨淑玲　责任印刷：杨晓东　责任校对：常燕昆
三河市航远印刷有限公司印刷·各地新华书店经售
2014 年 1 月第 1 版·2023 年 1 月第 6 次印刷
787mm×1092mm　1/16·8 印张·189 千字
定价 **28.00** 元

前　　言

计算机辅助设计和绘图技术已成为设计人员的必备技能之一，本书的作者团队是讲授建筑电气设计和CAD技术相关课程多年的资深教师和专业权威人士，从工程设计的实际应用出发，结合当今最为流行的电气设计软件，以典型的设计范例为对象，向读者展示建筑设计中的电气设计部分如何利用专业的计算机辅助设计软件来实现。全书通俗易懂，简单明了，介绍了很多非常适用的绘图技巧。

本书讲授的方法可以极大地提高读者的工作效率和专业竞争力，帮助读者成为电气设计和绘图的职业高手，从而在充满竞争的职场中，获得最佳的位置。本书还可作为本科和大专院校学生学习建筑电气CAD技术的教材，通过轻松快捷的方式，使学生很快地掌握这项技术，为其进入设计院从事电气设计工作铺平道路。

全书共分9章。第1章介绍了CAD技术的发展历程。第2章是全书的重点，详细介绍了绘制照明和动力平面图、系统图的方法，大量的图片使读者轻而易举地就可以按步操作，翔实的操作说明，使学习过程更加轻松有效。第3章讲述如何绘制弱电系统图。第4章讲授的是建筑防雷与接地电气工程图的绘制方法，还示范了如何通过演示的方法直观地检测避雷区域。第5章讲授变配电室电气工程图的绘制方法和步骤。第6章介绍了绘制建筑设备电气控制工程图的方法。第7章是关于建筑电气计算的内容，详细介绍了通过专业的电气软件进行照度计算、负荷计算、电压损失计算和短路电流计算的方法。第8章讲授的是通用的绘图工具，以及可提高绘图效率的实用技巧。最后一章介绍了目前建筑设计中正在逐步兴起的BIM技术。全书的内容基本上涵盖了建筑电气设计的方方面面，是读者进入建筑电气CAD技术领域的良师益友。

本书由王佳任主编，梁海霞任副主编。第1章由王晓辉编写，第2～7章由王佳、梁海霞、李佳编写，第8章和第9章由周小平编写。由于时间仓促，书中难免存在不足之处，敬请读者批评指正。

编者

目　录

第 1 章　CAD　概　论

CAD（Computer Aided Design，计算机辅助设计）是一种利用计算机硬、软件系统，辅助设计人员对工程或者产品进行专业设计的方法与技术，包括构思、绘图、分析、数据与文档处理等设计活动，它是一门多学科综合应用的新技术。

1.1　CAD 基本概念

CAD（计算机辅助设计）是在产品设计、工程设计中广泛应用的一种全新的设计方法，是综合了计算机科学与设计方法的发展而形成的一门新兴学科，它引发了信息技术对工程建设行业的技术革命。CAD 基本概念如图 1-1 所示。CAD 技术与计算机软、硬件技术，工程设计技术密不可分，相辅相成。

CAD（计算机辅助设计）是人和计算机相结合的、各尽所长的求解系统。它找到了人和计算机的最佳结合点，集计算机强有力的计算功能、高效率的图形处理能力、先进的设计理论与设计方法于一体，最大限度地解决了设计工作中的自动化与智能化问题。在设计过程中，计算机能够发挥其分析计算和存储信息的能力，完成信息管理、绘图、模拟、优化和其他数值分析任务；人进行创造性的思维活动，完成设计方案构思、工作原理拟定，将设计思想、设计方法经过综合、分析，转换成计算机可以处理的数学模型和解析这些模型的程序，人可以评价设计结果，控制设计过程，CAD 将计算机与人各自优点完美地结合到了一起。

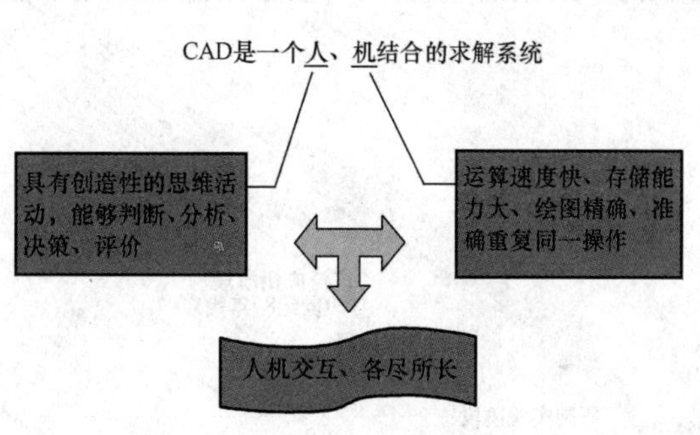

图 1-1　CAD 基本概念

CAD（计算机辅助设计）包括诸多内容，如计算机辅助绘图、概念设计、优化设计、有限元分析、计算机仿真等，不能单纯地认为 CAD 就是计算机绘图。在实际设计工作中，需要对大量信息进行加工、管理和交换，在设计人员经过初步构思、判断、决策之后，CAD 技术可以对丰富的设计资料和信息数据进行检索，根据设计要求进行计算、分析及优化，最终帮助设计人员确定最优方案。在此过程中，逻辑判断、科学计算和创造性思维是反复交叉进行的。

通常，一个完善实用的 CAD 系统是针对某个专业、某类工程、或者某种产品进行研制的。除了以计算机图形理论为基础，计算机绘图系统为手段外，还需有专业设计工作所涉及的基础数学、设计理论、设计方法及专家经验等方面的知识。CAD 系统应包含设计过程中的设计计算、工程数据库及绘图处理等各个环节。

与传统的手工绘图相比，CAD 具有巨大的优越性，主要表现在以下几个方面：

（1）提高设计质量。在计算机系统内存储了各专业的综合性的技术知识，为设计工作提供了科学的基础。计算机与人交互作用，有利于发挥人、计算机各自的特长，使设计更加合理化。

（2）提高设计效率。在实际设计工作中，计算和图纸的绘制节省了设计时间，缩短了设计项目周期。与传统的设计方法相比，CAD的设计效率可提高3～5倍以上。

（3）降低经营成本。随着CAD的广泛应用，劳动力和原材料大大节省，生产经营的准备时间不断缩短，产品更新换代加快，产品在市场上的竞争能力日益增强。

（4）促进创造创新。CAD技术将设计人员从烦琐的计算和绘图工作中解放出来，使其能从事更多的创造性劳动。同时，不断升级的CAD系统与设计人员的创新活动完全融合在一起。

1.2 CAD发展历程

CAD始于20世纪50年代，发展到现在已经在二维绘图、三维建模、参数化设计等方面取得了巨大的成就，并达到了全面普及的地步，如图1-2所示。

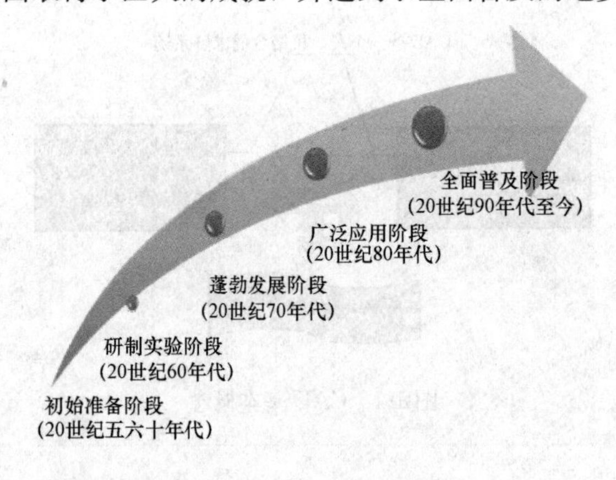

图1-2 CAD发展历程

1. 初始准备阶段

CAD的早期研究始于计算机图形学和交互式计算机图形学。

（1）1950年，美国麻省理工大学研制出旋风Ⅰ计算机的一个配件——图形显示器。

（2）1958年，美国CalComp公司研制出世界第一台滚筒绘图机，美国Gerber公司把数控机床发展成平板式绘图机，计算机辅助绘图开始得以尝试。

（3）20世纪50年代末，美国MIT林肯实验室在旋风计算机基础上开发了SAGE空中防御系统，它标志着交互式图形技术的诞生，为CAD发展做好了必要的准备。

2. 研制实验阶段

20世纪60年代后，开始出现商品化的CAD设备，此为第一代CAD系统。

（1）1962年，美国麻省理工大学的Ivan Sutherland博士研制出世界第一台利用光笔的交互式图形系统SKETCHPAD，并在其博士论文《SKETCHPAD：一个人机通信的图形系统》中首次提出计算机图形学、交互技术、分层存储符号的数据结构等新思想。这些基本理论和技术至今仍然是现代图形技术的基础。因此也有人把这认为是CAD真正出现的标志。

（2）由于那时计算机和图形设备的价格昂贵、技术复杂，只有一些实力雄厚的大公司才能够使用这一技术。但作为CAD技术的基础，计算机图形学在这一阶段得到了快速发展。

（3）此阶段为CAD的发展初期，CAD的含义是计算机辅助绘图（Computer Aided

Drawing)，出现了商品化的CAD设备，从而能够代替纸质的图版完成图形绘制。

3. 蓬勃发展阶段

第二代CAD系统的发展始于20世纪70年代，技术特征是交互绘图系统及三维几何造型系统。

（1）20世纪70年代以小型机为平台的CAD系统出现，图形软件和CAD应用支撑软件得以应用，图形设备（如光栅扫描显示器、图形输入板、绘图仪等）相继推出和完善。

（2）在这一时期，曲面造型技术和实体造型技术获得了快速的发展。美国MIT的Coons和法国雷诺公司的Bezier先后提出了新的曲面造型技术，使得人们可以使用计算机处理曲线及曲面问题。1977年，法国达索飞机公司推出了计算机辅助三维交互应用（CAT-IA)，实现了计算机的三维曲面建模。在实体造型技术方面，广泛采用了实体几何构造法和边界表示法，并在CAD系统内部采用了数据库技术。实体造型技术采用基本体素和布尔运算来构造三维模型，在理论上有助于统一CAD/CAE（计算机辅助工程）/CAM（计算机辅助制造）的模型表达。

（3）20世纪70年代末期到80年代初，工业标准IGES（初始图形交换规范）和STEP（产品数据交换标准）的制定为CAD的进一步发展打下了坚实的基础。

4. 广泛应用阶段

第三代CAD系统出现于20世纪80年代中期。

（1）20世纪80年代，大规模和超大规模集成电路、工作站和个人电脑的出现，使得CAD系统的性能有了很大提高。CAD/CAE/CAM技术一体化的综合软件让CAD又上了一个新台阶。

（2）这一时期出现的CAD系统的特点是基于特征，全尺寸约束，全数据相关，尺寸驱动设计修改等。当时具有代表性的CAD系统为Autodesk 1982年推出的AutoCAD、PTC公司所推出的Pro/Engineer。

（3）这些CAD系统都可以运行在个人电脑上，因此降低了成本，迎合了众多的中小企业实际需求，使得CAD的技术和产品得到更为广泛的应用。

5. 全面普及阶段

从20世纪90年代至今，CAD技术日益成熟，CAD标准化体系也进一步完善。

（1）CAD技术在经历了二维绘图、曲面造型、实体造型、特征造型、参数化设计、变量化设计等几次变革后，随着CAD技术的微机化及计算机网络技术的普及，网络CAD技术进一步深化，从而引发出并行设计等一系列的变化。

（2）在计算机环境下，从事零件设计与制造的各种技术人员并行参与同一产品的设计与制造过程，产生符合CAD/CAM集成系统各环节要求的产品数据，完成产品的制造，最大限度地发挥CAD/CAM集成系统的作用，大大缩短了生产周期，提高了产品质量。

（3）利用网络技术，分布式操作系统，分布式数据库等技术，使各工作阶段间的数据资源、硬件资源得以共享，大大减少了CAD系统的投资成本。

1.3 CAD系统应用

1. CAD系统的组成

一个完整的CAD系统由硬件和软件两部分组成，要想充分发挥CAD的作用，必须要同时具有高性能的硬件和功能强大的软件。

CAD系统的软件主要包括支撑软件和应用软件。支撑软件除了Windows这样的操作系统外，主要指的是图形支撑软件平台。另一类是专业应用软件，它是根据本领域、本专业的工程特点开发的应用软件系统，利用图形支撑软件平台提供的二次开发工具或数据接口功能，将各类专业设计技术研制成CAD系统的各类设计工具和知识，使设计能直接按照专业设计的方法进行，大大提高了CAD系统的“设计”能力和效率。

2. CAD系统的应用领域

目前，在土木建筑、城市规划、园林设计、机械制造、电子电路、航空航天、交通、轻工、纺织、化工、船舶、汽车、模具、广告等领域和行业，CAD系统均得到了广泛的应用。

在工程建设领域中，房屋、结构、桥梁、管线、水渠、大坝、市政规划、室内装潢等都应用了CAD技术。近年来随着计算机硬件性能的增强，CAD技术也取得了飞速的发展，可采用虚拟现实技术对建筑物抗震、抗风、抗灾、防火、防水等能力进行模拟分析。

在机械制造领域，现代的CAD过程往往与制造过程中的计算机辅助工艺规划（CAPP）和数控编程（NCP）联系在一起，形成集成的CAD/CAM系统。在制造业中，飞机、汽车、轮船、航天器，机床、模具等产品及零部件的设计全过程采用了CAD技术。当前多数CAD系统均集设计、绘图、分析计算、仿真等为一体。

在电子电路方面，CAD系统具有原理图绘制、原理布线多层板设计全套功能，尤其在集成电路的设计制造中，若没有CAD技术的应用，设计和制造大规模集成电路是不可能的。利用CAD系统，设计人员可以快速完成原理图电路性能分析、可靠性试验及故障模拟等工作。

1.4 CAD发展趋势

在现阶段以及未来一段时期内，三维图形处理技术将得以普及与应用，科学计算可视化、虚拟设计、虚拟制造技术将进一步深化，CAD应用也会被更广泛地接受，无图纸设计与生产逐步变为现实。

未来的CAD系统向标准化、开放化、集成化、智能化的方向发展，将大大提高CAD系统的智能化水平和专业化水平，更加准确高效地协助设计人员进行设计。

1. 标准化

目前标准有两大类：一是公用标准，主要来自国家或国际标准制定单位；另一是市场标准或行业标准，属私有性质。前者注重标准的开放性和所采用技术的先进性；后者以市场为导向，注重考虑有效性和经济利益，容易导致垄断和无谓的标准战。鉴于行业标准之弊端，有专家建议标准革新的目标是公用标准应变成工业标准。

2. 开放化

开放性的CAD系统目前广泛建立在开放式操作系统窗口 Windows 和 UNIX 平台上，在Java LINUX平台上也有CAD产品。此外CAD系统都为使用者提供了二次开发环境，这类环境可开发其内核源码，甚至可以定制自己的CAD系统。

3. 集成化

集成化体现在三个层次上：一是广义 CAD 功能，CAD/CAE/CAPP/CAM/CAQ/PDM/ERP经过多种集成形式成为企业一体化解决方案。二是将CAD技术能采用的算法，甚至功能模块或系统，做成专用芯片，以提高CAD系统的效率；三是CAD基于网络计算环境实现异地、异构系统在企业间的集成。

4. 智能化

智能化设计是一个含有高度智能的人类创造性活动领域，智能CAD是CAD发展的必然方向。智能CAD不是简单地将现有的智能技术与CAD技术相结合，更要深入研究人类设计的思维模型，并用信息技术来表达和模拟它，而且必将为人工智能领域提供新的理论和方法。

第 2 章　如何绘制照明和动力电气工程图

照明和动力电气工程图，是建筑电气工程图中重要的组成部分，是最重要的图纸之一。照明工程主要包括灯具、开关、插座等电气设备及相关配电线路的安装与敷设；动力工程主要包括以电动力为动力的设备、装置及相关起运装置、控制箱、配电线路等的安装与敷设。

照明和动力电气工程图，一般包括平面图、系统图等图纸，在绘制过程中应认真执行国家的相关规范与标准，采用国标规定的图例及符号，并对不同的设备和导线加以补充标注。图纸应力求简化，但又能详细准确地表达设计师的总体设计意图。

2.1　如何绘制平面图

在照明和动力电气工程图的平面图上，应根据相关“国标”规定，采用与文字标注相结合的方法表示出建筑物内各种电气设备的平面布置、安装方式及线路的走向、配电方式和敷设部位等信息，描述的对象是照明设备和供电线路中配电箱、照明线路、灯具、开关、插座及其他电器的型号、容量、规格、安装方式等内容。

应用绘图软件绘制平面图的基本步骤如下：

（1）绘图参数设置。

（2）在平面图中进行设备布置。

（3）在平面图中绘制导线。

（4）在平面图中标注设备及导线。

如图 2-1 所示是一个建筑平面图，下面将介绍如何使用电气设计软件在该建筑平面图上完成照明平面图的绘制。

目前市面上常用的电气设计软件包括浩辰 CAD 电气，天正 CAD 电气等产品，这些产品都是在 AutoCAD 平台软件上进行二次开发获得的，不同的是浩辰 CAD 电气软件还支持自主研发的浩辰 CAD 平台，它们在使用中有很多相似的功能。为了便于说明，本书以浩辰 CAD 电气软件为例，详细介绍设计过程和方法。

浩辰 CAD 电气设计软件界面主要由下拉菜单、工具条、屏幕菜单、命令行、绘图区、属性框、状态栏和功能框等几部分组成，如图 2-2 所示。可以从下拉菜单、工具条、快捷键和屏幕菜单进入命令，下面将以屏幕菜单中的功能为例对其进行介绍。

1——下拉菜单：可调用大多数命令。

2——工具条：可通过单击图标按钮调用命令。工具条可以打开和关闭，通常设置只显示常用工具条。

3——屏幕菜单：屏幕菜单基本结构和下拉菜单一样，只是操作方式有所区别。

4——命令行：在底部命令行可输入命令，上面几行可显示命令执行历史。

5——状态栏：状态栏中包括一些绘图辅助工具按钮，如栅格、捕捉、正交、极轴、对象追踪等，此外状态左侧会显示命令提示和光标所在位置的坐标值。

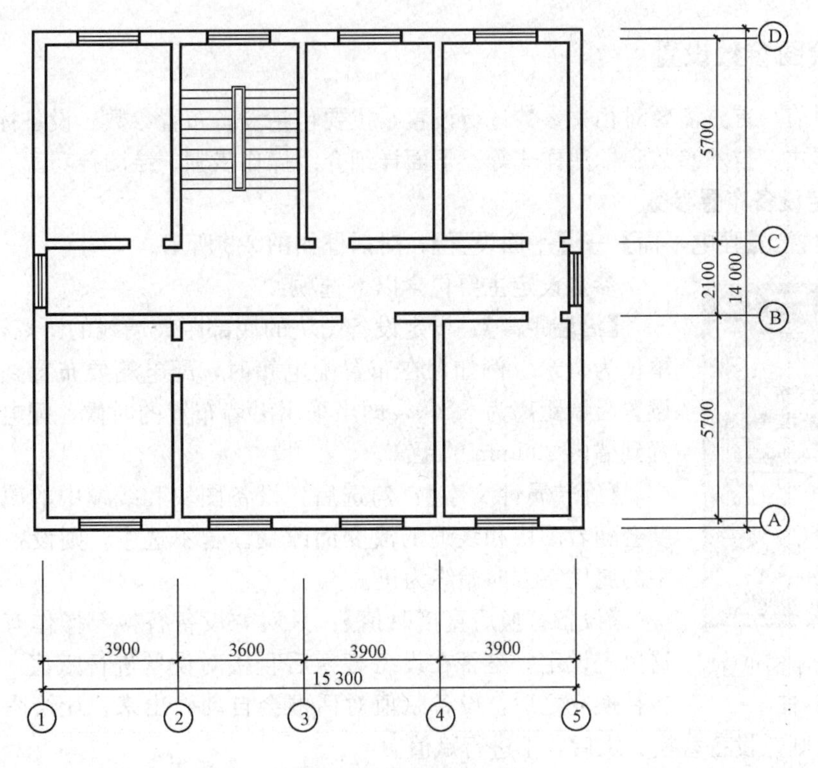

图 2-1　某建筑平面图

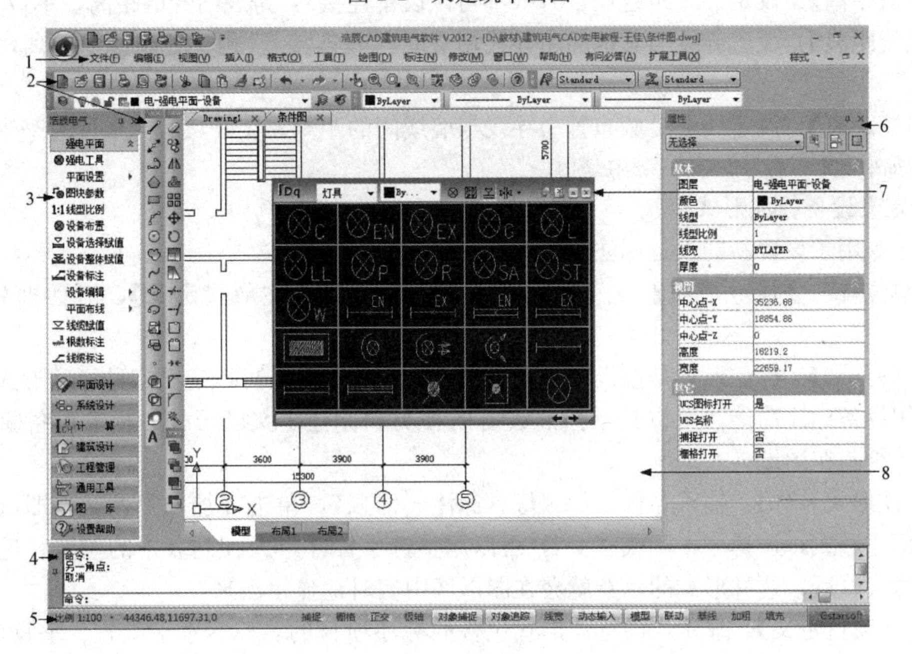

图 2-2　浩辰 CAD 电气软件界面

6——属性框：用于显示和编辑对象的属性，选择不同对象属性框将显示不同的内容。

7——功能框：选择功能弹出的对话框。

8——绘图区：绘图的工作区域，所有绘图结果都将反映在这个区域里。

2.1.1 绘图参数设置

在绘图前，首先需要对相关参数进行设置，主要包括设备布置参数、设备标注形式、线缆的绘制样式、技术参数和标注样式等。下面详细介绍操作步骤、绘图技巧。

1. 设定设备布置参数

菜单位置：【强电平面】→【平面设置】，对话框如图 2-3 所示。

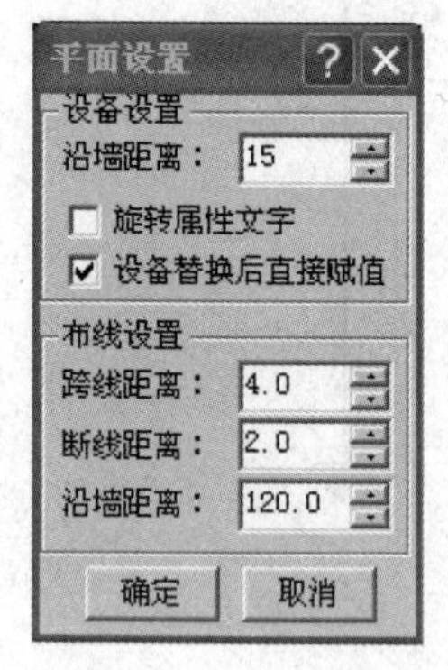

图 2-3 “平面设置”对话框

参数设定主要包含以下选项：

【沿墙距离】：设定设备图块的底部距离墙线的距离，实际尺寸，单位为毫米。例如，在布置配电箱时，配电箱要布置到墙内，可以设置沿墙距离为－200，即当采用沿墙布置的时候，配电箱会自动布置到墙内 200mm 的距离。

【旋转属性文字】：勾选后，设备图块和线缆中的属性字，其角度会随着图块和线缆的改变而改变。若不选中，则设备图块和线缆中的属性字方向始终为正。

【设备替换后直接赋值】：只对“设备替换”操作有用，可以在这里先设定好是否在设备替换后直接对设备进行赋值，如果是，设备替换完之后，设备赋值对话框会自动弹出来，让绘图者对设备进行赋值；否则，设备替换完之后，不进行赋值。

【跨线距离】：设定导线跨越设备时（不与该设备连接），跨线断开的距离，单位为毫米。

【断线距离】：设定导线与其他回路导线相交时（非连接），相交处断线的距离，单位为毫米。

【沿墙距离】：设定线缆沿墙布置中导线与墙线间的距离，实际尺寸，单位为毫米。

注：如果设定距离为负则表示线在墙内。

2. 定义设备标注形式

该命令用于设置新的设备标注形式，修改已有的标注形式。

菜单位置：【强电平面】→【平面设置】→【设备标注形式定义】，对话框如图 2-4 所示。

【设备类别】：标注形式是按设备类别来定义的，每类设备可以定义多种标注形式，以后直接调用设备标注功能，可以自动按照设备的种类和标注定义的形式，提取设备赋值的信息，自动绘制在图纸上。

【标注形式名称】：输入名称，如“灯具标注－浩辰”，单击【加入】按钮，即可新建一个新的标注形式；选择“↑”或“↓”，可以调整选中标注形式在列表中的位置。选择了某种标注形式以后，这种形式的示意就会在图形区中实时地显示出来。

【标注项目定义】：显示当前标注形式包含的标注项目的名称、水平位置、垂直位置等，并在右侧幻灯区直观显示出来。选择列表中的项目，在下面的【标注项目】栏中，输入“水平”坐标和选择“垂直”位置，可以确定标注项目的位置。

【标注项目】：从下拉列表中可以选取要标注的内容，点击【加入】按钮，即可加入上面的标注项目定义列表中，并在右侧幻灯中实时地显示出来。

注：如果下拉列表中没有需要的项目，可以通过平面图库管理，即对此类设备定义新的“技术参数”，

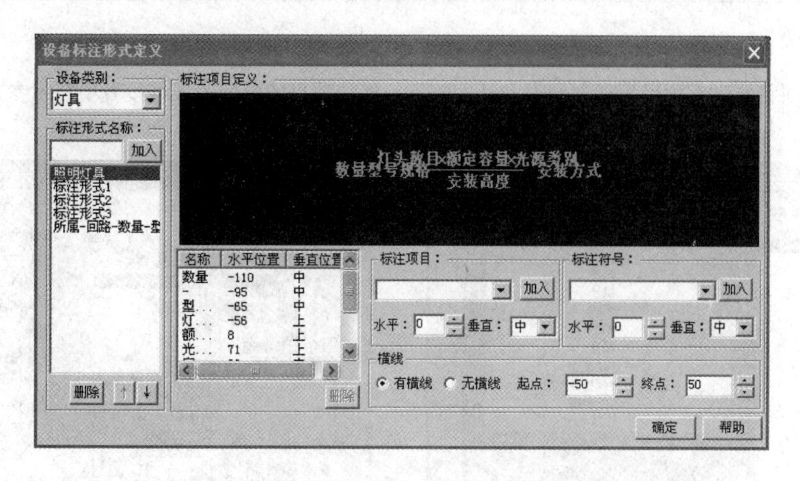

图 2-4　“设备标注形式定义”对话框

具体操作详见图库的有关说明。

【标注符号】：指标注文字中的分割符号等，同样也在【标注项目定义】中列出，操作方法同【标注项目】。

【横线】：定义有分子、分母形式的标注，通过定义“起点”和“终点”坐标来定义横线的长短，调整分隔线终点位置，在示意图中动态显示。（相应的标注内容，在垂直选项中应选择“上”或“下”）

3. 定义线缆的绘制样式、技术参数和标注样式

菜单位置：【强电平面】→【平面设置】→【平面线缆设置】，出现“线缆设置”对话框。

对话框有三个选项卡：绘制样式、技术参数、标注样式，如图 2-5～图 2-7 所示。

（1）绘制样式。在左侧“线型列表”中双击已经定义好的线缆，在右边的框格中对各相参数进行编辑，然后单击【添加】按钮，可以覆盖原来的定义。也可输入新的名称和线缆的各项参数，点击【添加】按钮，定义新的线型。

注：各种线型的绘制图层可以定义在同一个图层上，线宽为图纸尺寸，单位为毫米。

（2）技术参数. 在右侧的“参数定义”栏中可以添加新的参数名称，单击【确定】可以保存修改的技术参数。定义的这些参数，在线缆赋值时列出，完成赋值后，在统计时可以自动统计汇总。

（3）标注样式。可以在此定义线缆的标注形式：

【标注类型选择】：分为导线、线缆、桥架三类，首先点选要定义标注类型的种类。

【标注形式名称】：输入新的标注名称，单击【新建】，加入标注形式名称列表。

【标注项目定义】：选择一个标注的名称，在标注项目中选择一个标注项目，或一个分割符，单击【加入】加入上面的列表中。在标注形式示例中显示标注的实际

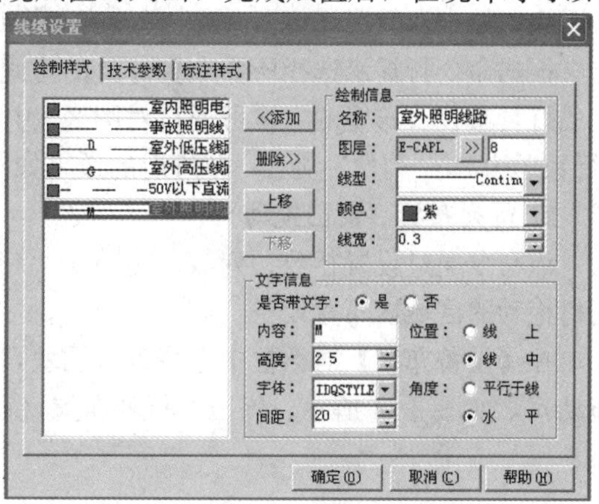

图 2-5　“线缆设置”对话框“绘图样式”选项卡

式样。

注：标注项目的输入顺序为从左向右和从上到下，标注项目的内容为线缆设置中技术参数定义的内容。

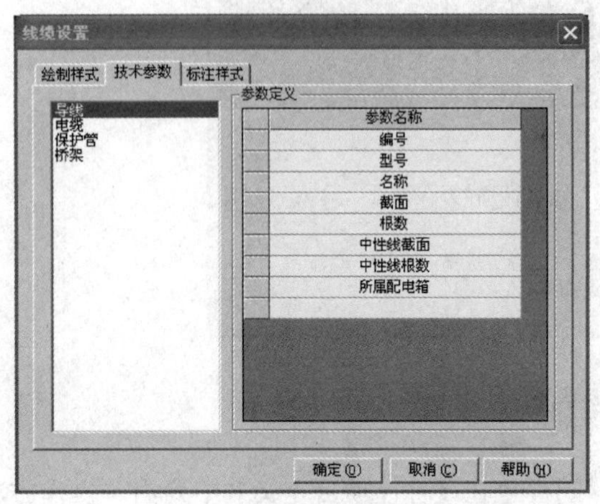

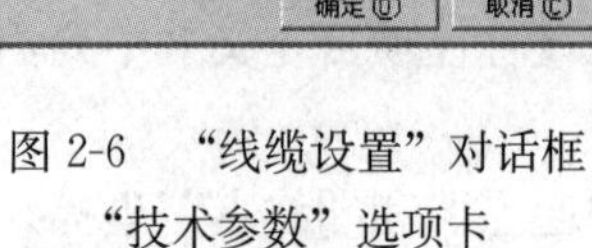

图 2-6 “线缆设置”对话框
“技术参数”选项卡

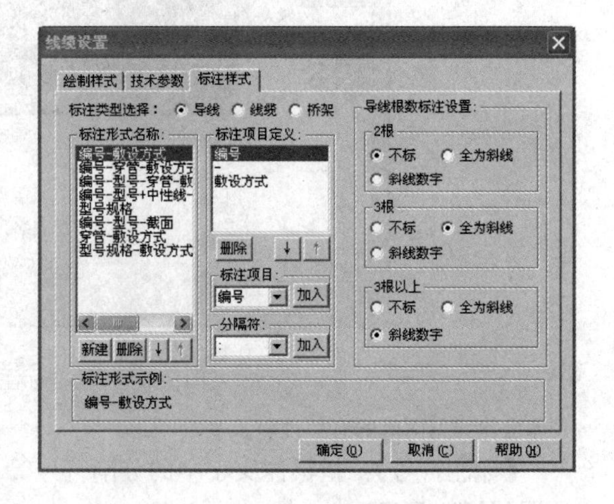

图 2-7 “线缆设置”对话框
“标注样式”选项卡

【导线根数标注设置】：可以在这里设置 2 根、3 根及 3 根以上，导线根数标注的形式。

注：线缆统计时，默认按照此项定义自动统计线缆长度。

2.1.2 在平面中布置设备

在平面中布置设备就是将一些事先制作好的设备图块插入到建筑平面图中。浩辰 CAD 电气软件提供了操作简单且内容丰富的图库管理系统，还支持将自定义的图块添加到图库管理系统中。

1. 房间均布

选择矩形区域或多边形区域，然后输入在该区域内所需布置设备的行列数，能够自动根据该区域形状均匀布置设备。

单击【强电平面】→【设备布置】，弹出如图 2-8 所示的对话框，先选择所需布置的设备图块，如“双管荧光灯”，再选择“房间均布”，弹出如图 2-9 所示的对话框。

根据命令行提示选择所要布置灯具的房间，单击矩形房间的左上角点和右下角点，即可完成灯具布置。布置的方案可通过对图 2-9 中的“行数”和“列数”调整来确定，例如选择“行数”为 2，“列数”为 1，布灯后的效果如图 2-10 所示。

2. 行列布置（窗口拖动）

该命令通过设置行数、列数、边距比、旋转角、图块插入角、错位方式和连线方式等在窗口拖动的区域内布置设备。

在【设备布置】对话框中选择设备图块，如“双管荧光灯”，在选择“行列布置（窗口拖动）”，如图 2-11 所示。弹出“行列布置（窗口拖动）”对话框，如图 2-12 所示。

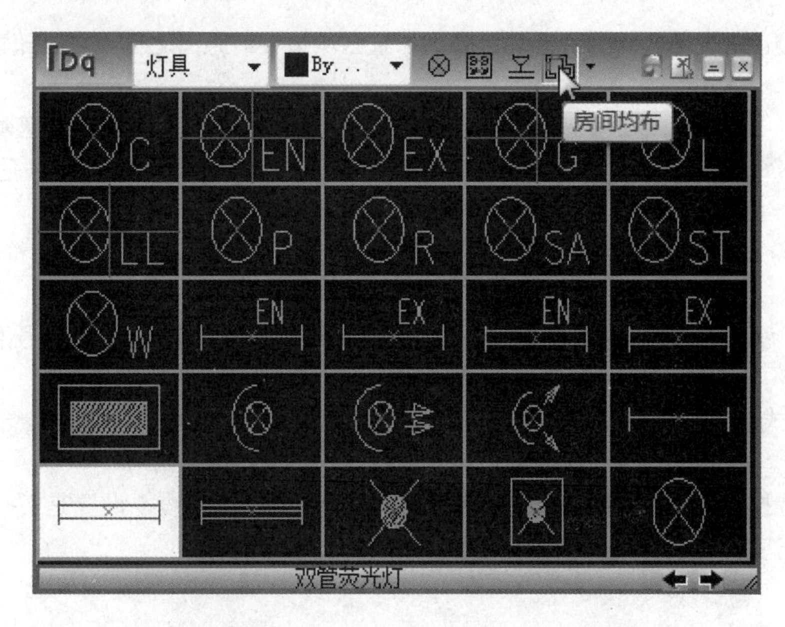

图 2-8　“设备布置”对话框

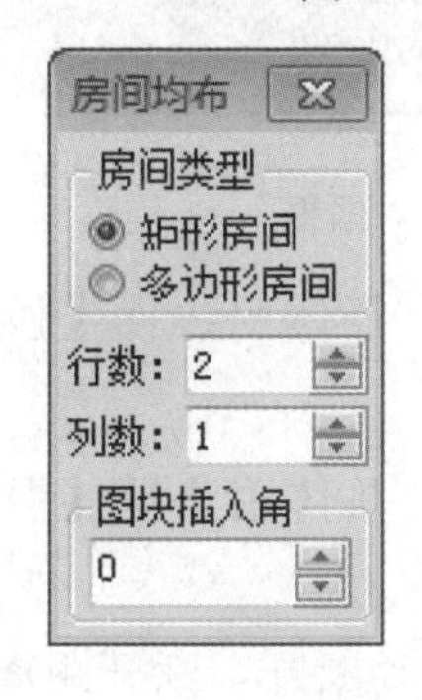

图 2-9　“房间均布”对话框

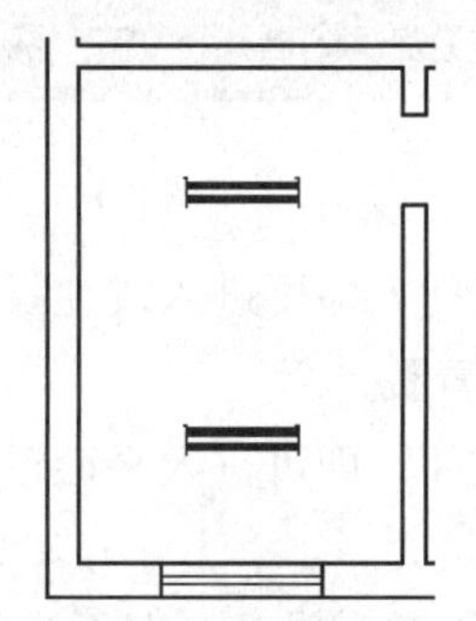

图 2-10　“房间均布”双管荧光灯的示例

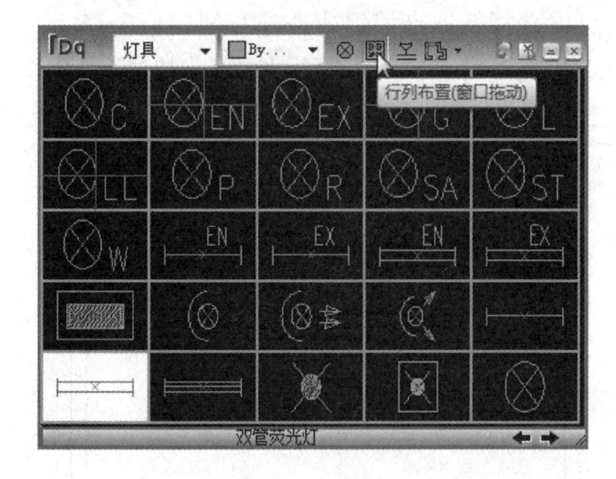

图 2-11　“设备布置”对话框

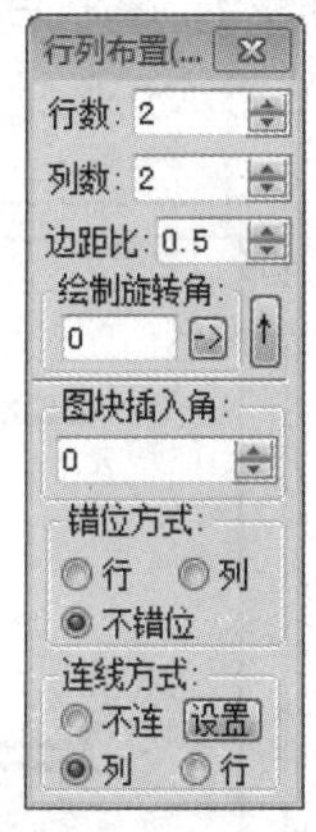

图 2-12　“行列布置（窗口拖动）”对话框

【边距比】：指设备之间的距离和设备到布置区域边界的距离之比，可以随意输入，不能为负值。

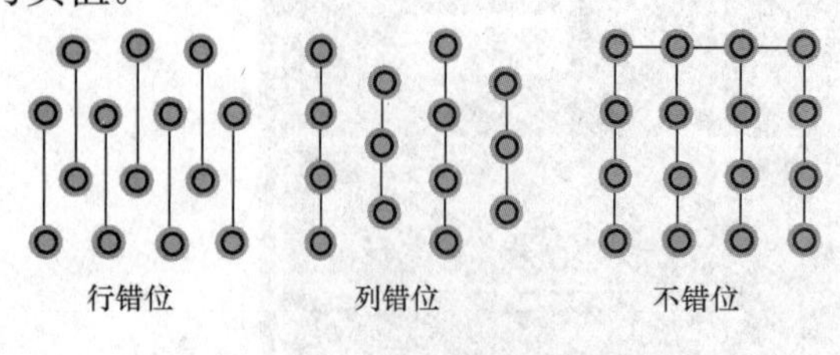

图 2-13　错位方式的示例

【绘制旋转角】：指布置区域边界线与 X 轴的夹角，即布置区域可以是倾斜的矩形区域。

【图块插入角】：指设备符号与 X 轴的夹角。

【错位方式】：指设备符号沿着行或列的方向错位，如图 2-13 所示。

【连线方式】：指设备之间连接导线的方式。可以选择行向、列向连接导线，或不连导线。

单击设置按钮，弹出如图 2-14 所示的对话框，在此选择线缆，设置是否跨接设备，是否断线（断它或者断己）。

图 2-14　“线缆参数”对话框

单击【 】：按钮，即可进入线缆设置对话框，具体用法见【强电平面】→【平面设置】→【平面线缆设置】。

单击【 】：按钮，即可进入平面设置对话框，具体用法见【强电平面】→【平面设置】→【平面设置】。

【跨接设备】：导线越过设备，但不连接，导线自动断开，断开距离可设置。

【断线】：导线跨越其他导线，相交处断开；断它，表示相交的其他导线断开；断己，表示本次绘制的导线断开，相交的其他导线不断。

【特征点捕捉】：绘制导线时，可以选择特征点捕捉或选择 CAD 捕捉。

选择下方矩形大房间的左上角点和右下角点，即可完成布置，同时完成设备连线，如图

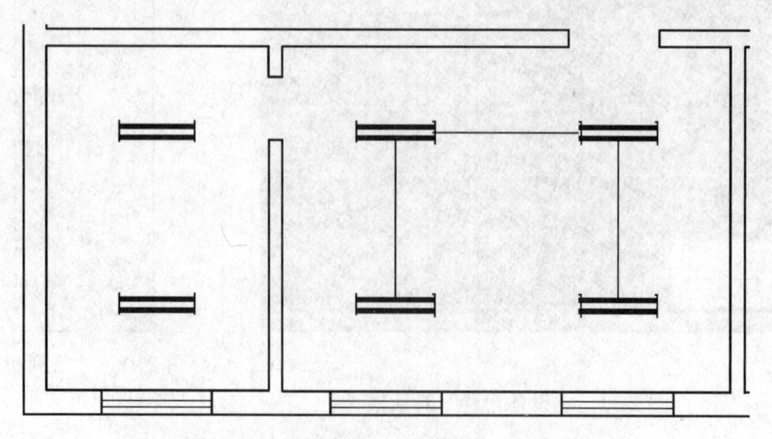

图 2-15　行列布置（窗口拖动）的示例

2-15 所示。

其他房间的灯具布置可以采用上述方法进行布置，也可以采用设备编辑的方式来进行布置，通过对建筑平面图的分析得出，其他房间与已经布置设备的房间是相同的。

3. 房间复制

该命令可以复制设备和线缆，同时伸缩线缆长度和设备间距，用于大小不同但设备和线缆布置相同的房间或其他区域。可对任何角度、方向的房间和区域进行复制。房间复制后，线缆的长度和设备间距成比例伸缩，但设备的大小和相对位置不会变化。

选择【强电平面】→【设备编辑】→【房间复制】后，根据命令行提示选择作为原型的房间（先点左上角作为选择区域的第一点，再选择右下角作为选择区域的第二点），弹出如图 2-16 所示的“复制模式选择”对话框。

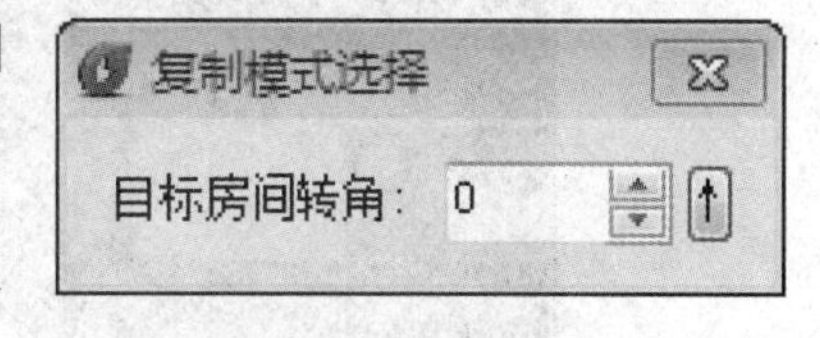

图 2-16　“复制模式选择”对话框

再根据命令行提示选择目标房间（点房间的左上角点和右下角点），即可完成布置，效果如图 2-17（a）和图 2-17（b）所示。

采用相同的方法，可以完成其他房间灯具的布置，效果如图 2-18 所示。

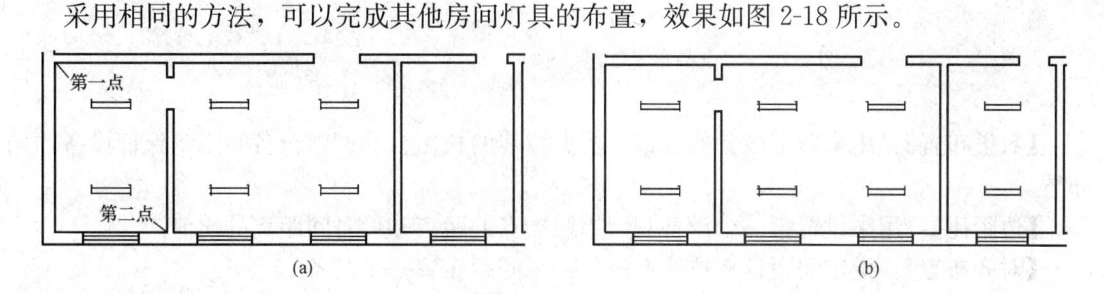

图 2-17　房间复制示例

（a）复制前；（b）复制后

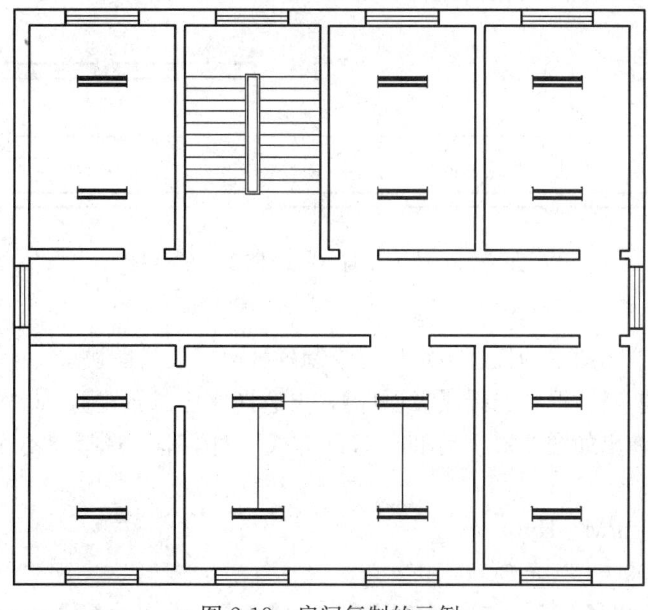

图 2-18　房间复制的示例

4. 线上布置（拉线拖动）

该命令可以拖动绘制一根假想直线，设备图块布置在直线上。

在【设备布置】对话框中选择【吸顶灯】，再选择【线上布置（拉线拖动）】，如图 2-19 所示。弹出【线上布置（拉线拖动）】对话框，如图 2-20 所示。

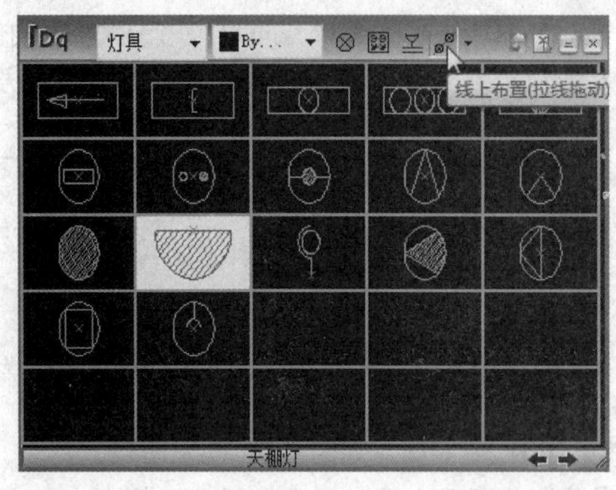

图 2-19 “设备布置”对话框

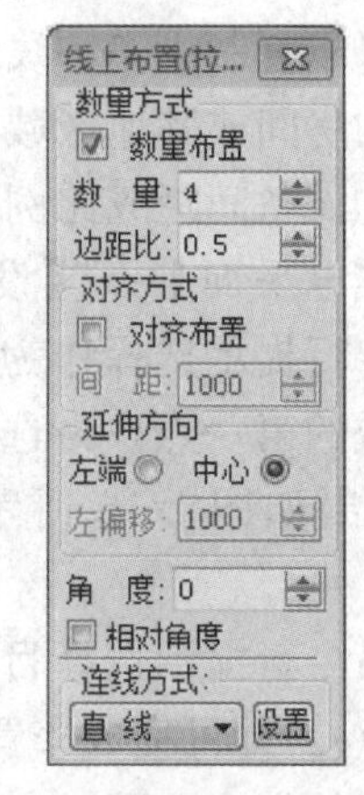

图 2-20 “线上布置（拉线拖动）”对话框

【数量布置】：用来确定设备的数量，根据拉线的长短自动调整设备间距，保证设备均匀布置。

【边距比】：用来设置第一个设备和假想线端点的距离和设备间距离的比值。

【对齐布置】：设定间距，在拉线上每隔一个间距布置一个设备。

【相对角度】：如果选中，设备的角度保持平行于线的角度改变；如未选中则设备角度始终为 0°。

选择走廊左侧窗的中点，拖动鼠标再选择右侧窗的中点，即可完成布置，效果如图 2-21 所示。

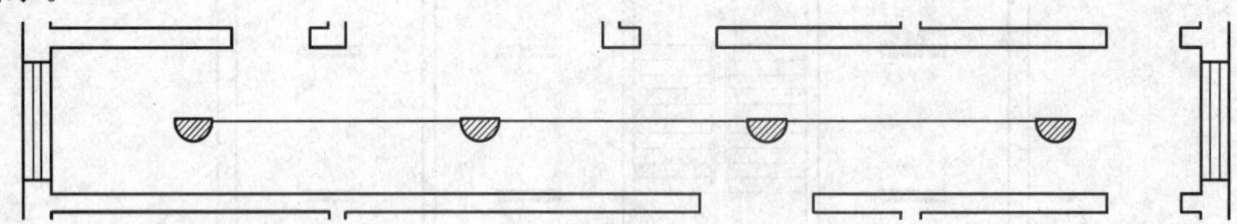

图 2-21 线上布置（拉线拖动）的示例

5. 任意布置

该命令可以在平面图中的任意指定位置绘制各种电气设备图块。

在【设备布置】对话框中选择【吸顶灯】，再选择【任意布置】，如图 2-22 所示。

执行此操作，弹出如图 2-23 所示的“连线方式”对话框，选择【不连】。

屏幕提示：

＊任意布置＊＝PM _ Rybz

状态：比例 1.00＊100 角度 50.00

点取位置或{转 90°【A】\ 上下翻转【E】\ 左右翻转【D】\ 转角【Z】\ 沿线【F】\ 回退【U】}

〈退出〉：

可以直接单击布置点，如图 2-24 所示。

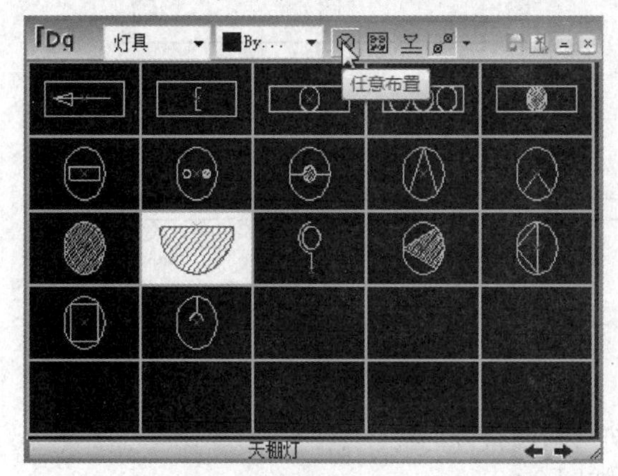

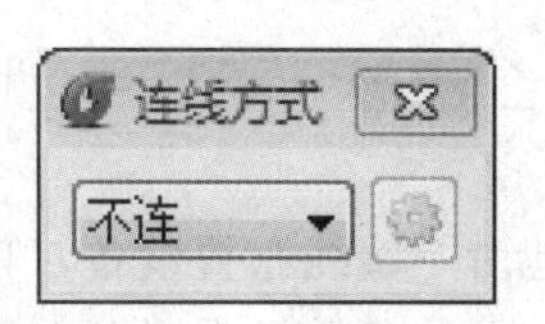

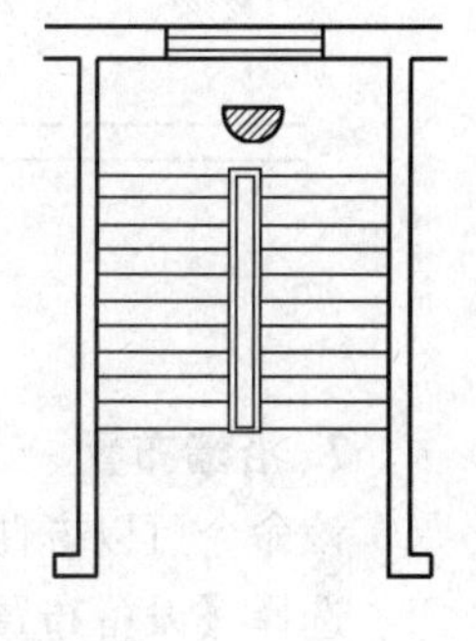

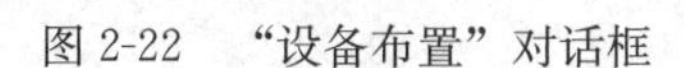
图 2-22　“设备布置”对话框

图 2-23　“连线方式”对话框

图 2-24　连线方式的示例

（1）输入“A”，设备旋转 90°（可连续旋转）。

（2）输入“D”，设备左右翻转。

（3）输入“Z”，在图面移动鼠标可将设备旋转至任何角度（也可直接输入角度）。

（4）输入“F”，在图中选择直线或圆，即可在该直线（或直线的延长线）或圆上精确布置设备。

6. 开关布置

该命令用于布置开关，自动找到墙线的最近一端，并距该端一定距离沿墙布置开关，该距离可在如图 2-25 所示的对话框中设置。在布置多个开关时可选择是否连线。

在【设备布置】对话框中选择【开关】下的【暗装双极开关】，如图 2-25 所示。再选择【开关布置】，弹出如图 2-26 所示的对话框。

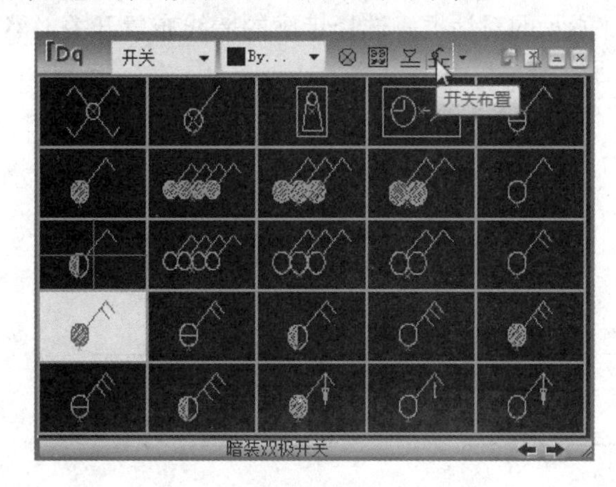

图 2-25　“设备布置”对话框

图 2-26　“开关布置”对话框

【偏移距离】：开关与墙线最近一端的距离。

选择墙线的端点后，开关会自动偏移设置的距离，晃动鼠标可以切换开关方向，效果如

图 2-27 所示。

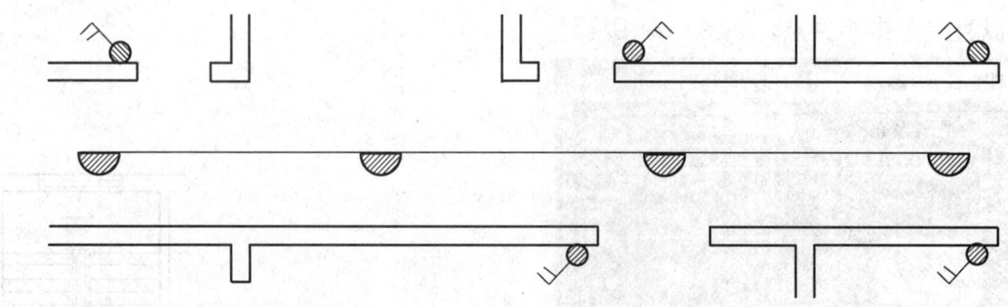

图 2-27　开关布置的示例

7. 沿墙布置

该命令可以方便地沿一墙线布置设备，自动判断设备方向。

选择【设备布置】下的【单极限时开关】，如图 2-28 所示。

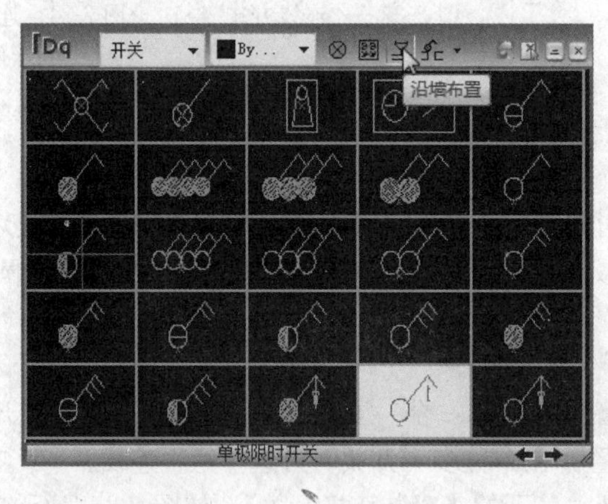

图 2-28　“设备布置”对话框

图 2-29　“沿墙布置”对话框

再选择【沿墙布置】，弹出如图 2-29 所示的对话框。选择走廊的墙线布置开关，然后选择楼梯墙线布置开关，效果如图 2-30 所示。

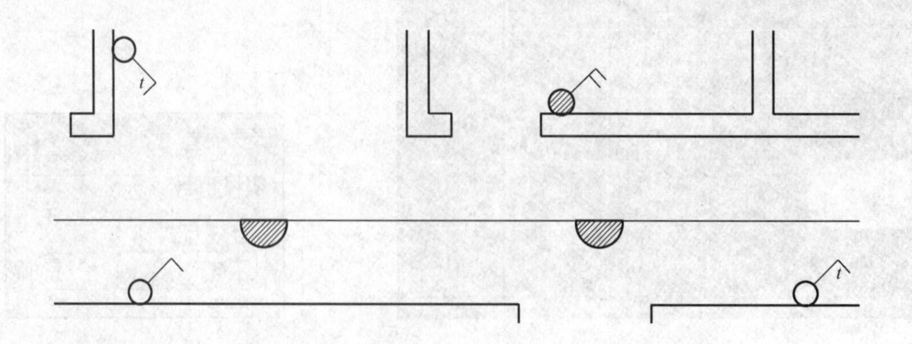

图 2-30　沿墙布置开关的示例

采用相同的方法布置配电箱。选择【设备布置】下的【照明配电箱】，再选择【沿墙布置】，选择墙线，即可完成布置，如图 2-31 所示。

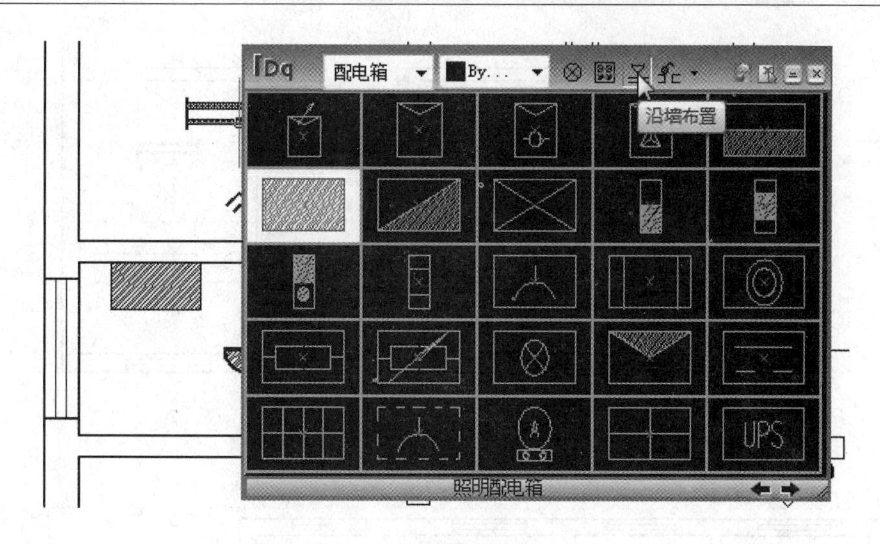

图 2-31　配电箱布置的示例

8. 插座穿墙

该命令在您指定的两点连线与墙线的交点处插入设备，可以设置在墙的单侧或双侧布置，并可自动连线。

选择【设备布置】下的【暗装单相插座】，如图 2-32 所示。再选择【插座穿墙】，弹出如图 2-33 所示对话框。

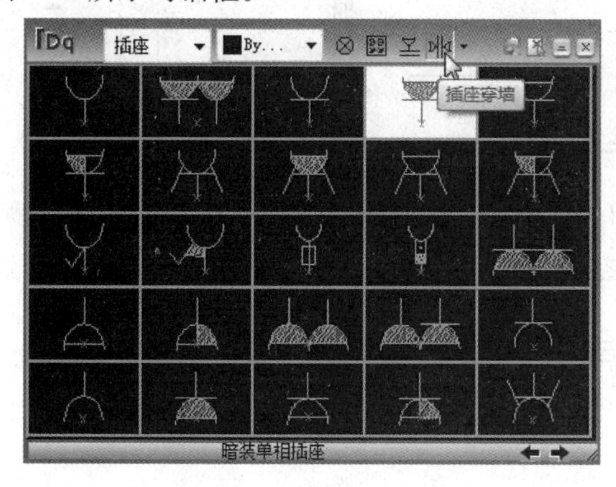

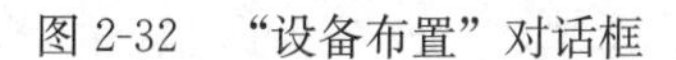

图 2-32　“设备布置”对话框

图 2-33　“插座穿墙”对话框

执行此操作，选择第一点和第二点，将生成如图 2-34 中下方所示的插座。

完成对上述设备进行布置后的效果，如图 2-35 所示。

2.1.3　在平面中布置导线

在平面中布置导线是一项非常重要的工作。绘制导线之前需要对导线进行设置，此项工作已经在【绘图参数设置】中讲过，这里就不再赘述。

1. 连续布线

该命令以连续输入布置点的布线方式，绘制连续的导线。

单击【强电平面】→【平面布线】→【连续布线】，出现如图 2-36 所示的对话框。

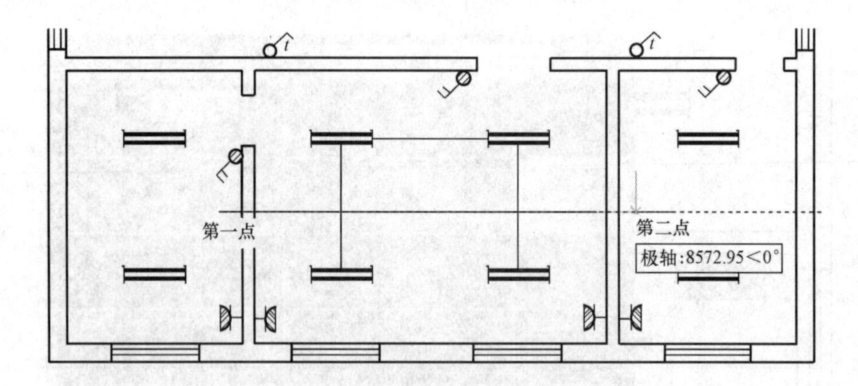

图 2-34　插座穿墙的示例

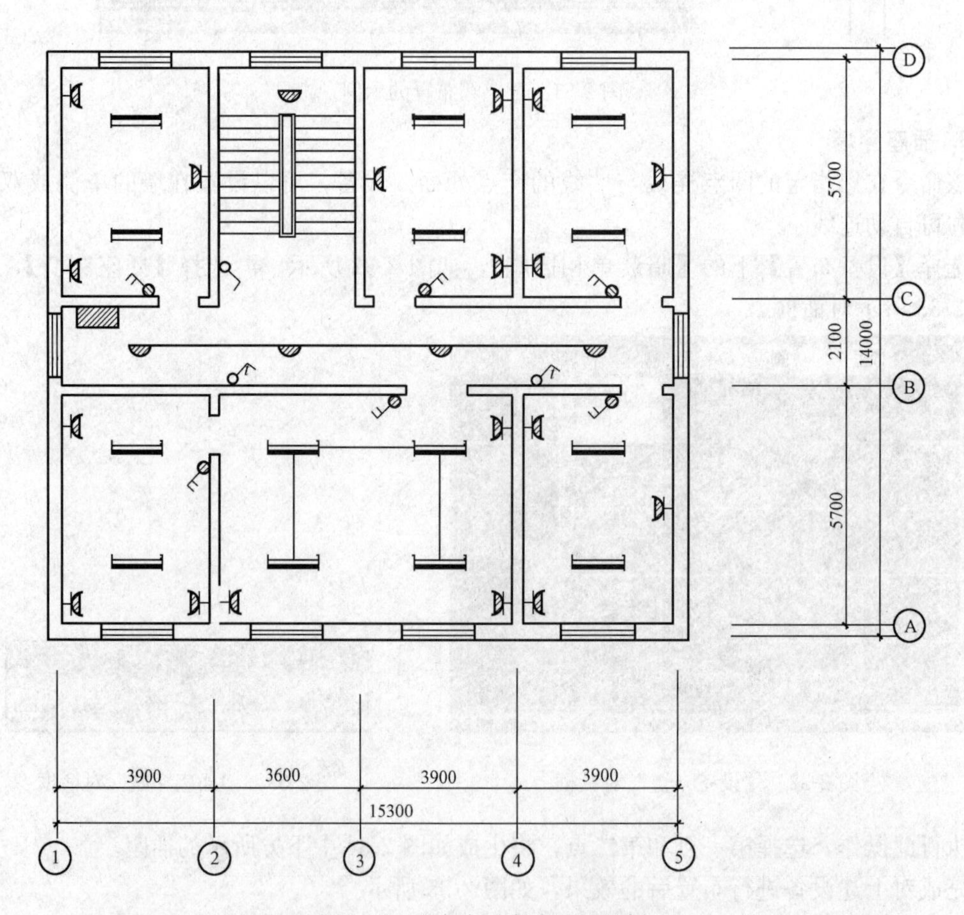

图 2-35　设备布置完成后的示例

图 2-36　“线缆参数”对话框

选择起始设备，会从起始设备引出一条导线，再选择下一个设备，即可将两个设备连接，依次选择可以将多个设备进行连接，将灯具和插座进行连线，效果如图 2-37 所示。

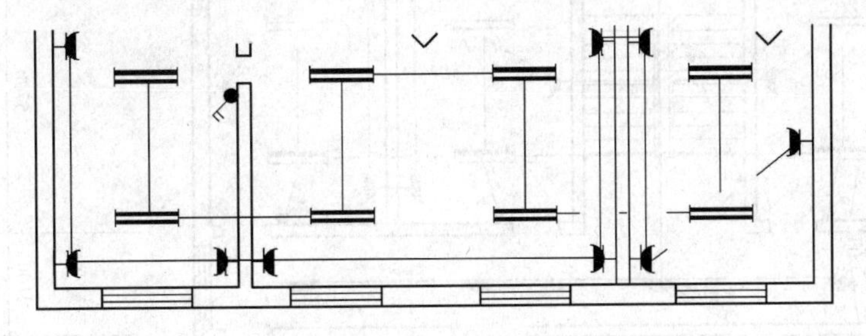

图 2-37　连续布线的示例

2. 开关连线

该命令按最近原则，开关和灯具自动连接。

单击【强电平面】→【平面布线】→【开关连线】，框选设备后，开关与最近的灯具相连。如果几个开关同时与一个灯具最近，那这几个开关就同时与这个灯具相连，这种情况下，可以用编辑功能修改。完成后效果如图 2-38 所示。

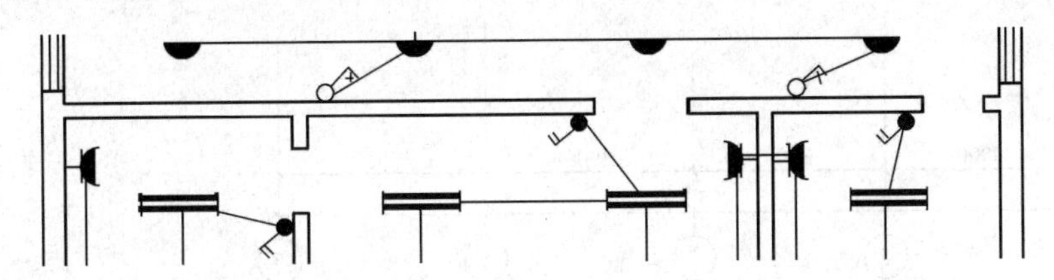

图 2-38　开关连线的示例

3. 配电连线

该命令从配电箱（盘）逐条引出导线，布置到灯具等设备上。

单击【强电平面】→【平面布线】→【配电连线】，在屏幕上弹出如图 2-39 所示的对话框，其中距离值为图上尺寸（单位：mm），可点击一个配电箱，然后拖动鼠标，上下移动选择不同回路，如图 2-40 所示。

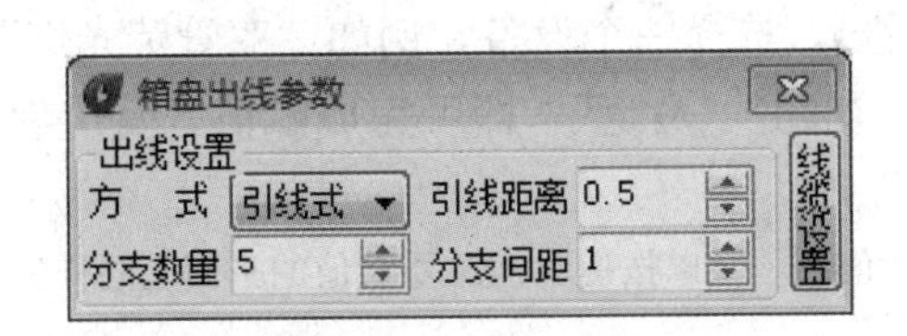

图 2-39　“箱盘出线参数”对话框

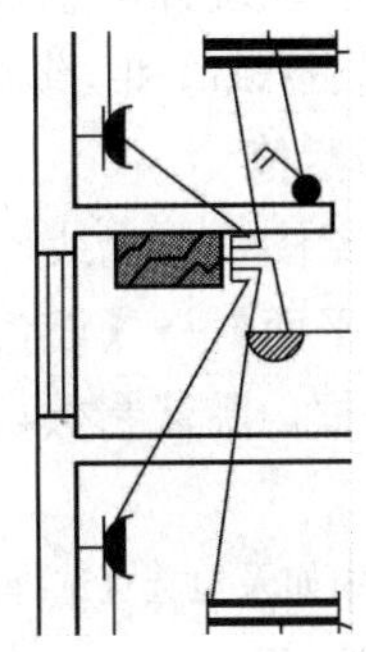

图 2-40　配电连线的示例

完成对上述设备进行连线后的效果，如图 2-41 所示。

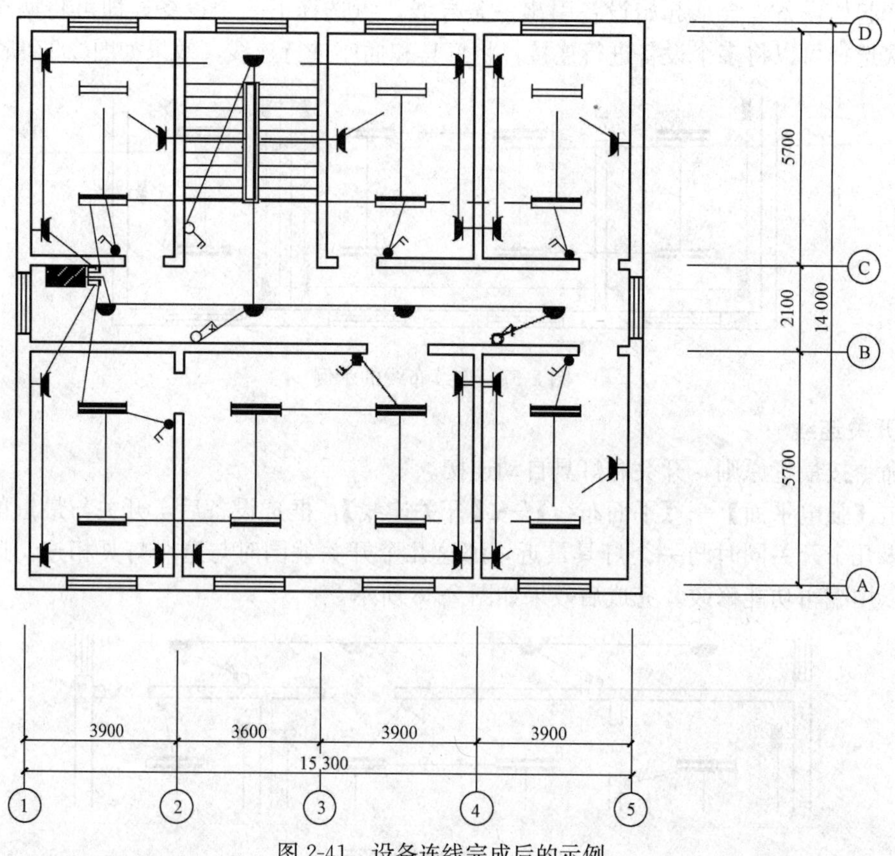

图 2-41 设备连线完成后的示例

2.1.4 在平面中进行标注

设备标注是一项非常重要的工作，在绘图平面图时需要对图中的导线、设备进行标注，即标上其型号、规格和数量等相关信息。但在进行设备布置时没有赋予这些属性，所以在标注之前先进行设备赋值。而且只有赋值后的设备才可以识别类别，属性信息（型号、规格和数量等）才可以自动统计汇总到材料表中。

软件提供了设备赋值和线缆赋值功能，其中设备赋值又包括设备选择赋值和设备整体赋值。

1. 设备选择赋值

该命令用于给图中一个或一类设备型号、规格和数量等属性信息赋值。

单击【强电平面】→【设备选择赋值】，选择一个设备，例如“双管荧光灯”，弹出如图 2-42 所示的对话框，默认参数可以修改。单击“确定”，即可完成赋值，赋值后的设备颜色会发生变化。

注：在对话框中如果勾选【选择同类】，赋值后，可以按提示框选要赋值的平面上同样的设备。

2. 设备整体赋值

该命令用于给当前图中所有设备进行赋值（或重新赋值）。

单击【强电平面】→【设备整体赋值】，框选需要赋值的全部设备，再点击鼠标右键或空格，将弹出如图 2-43 所示的对话框。

分类填写完对话框中所有参数后，单击【赋值】，即可完成对所有设备赋值。

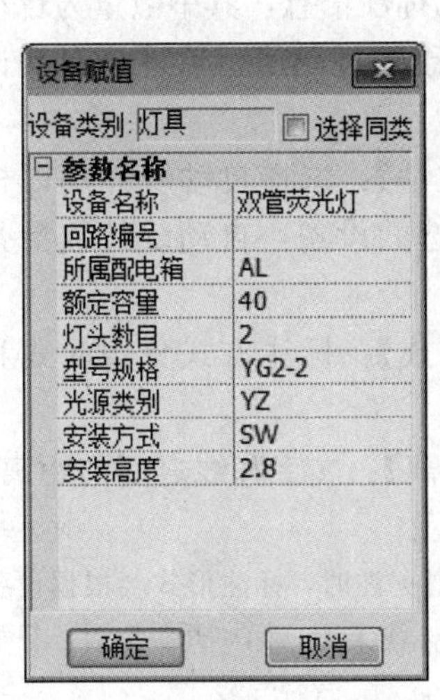

图 2-42　“设备赋值”对话框

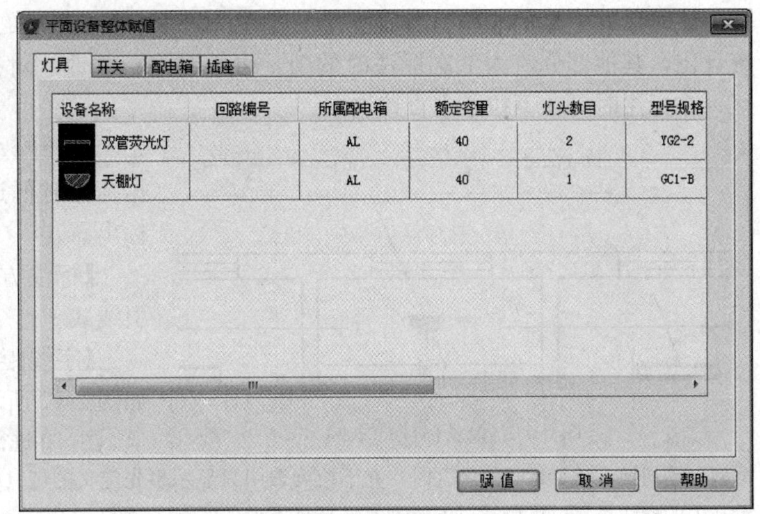

图 2-43　“平面设备整体赋值”对话框

注：如果图中同一图块已经被赋予了不同的参数信息，对话框中该设备的参数信息用红色表示，表示不能修改；右键点击该参数，文字颜色将被修改为黑色，可以修改参数值，结果图中该类图块被赋予同一种型号规格。

3. 线缆赋值

该命令用于对线缆进行赋值和检查，以便进行标注和统计材料表。

单击【强电平面】→【线缆赋值】，弹出如图 2-44 所示的对话框。

选择“导线”，填写相关参数，然后选择需要赋值的导线，再点击鼠标右键或空格，即可完成赋值。赋值后，关闭对话框。

图 2-44　“线缆赋值/检测”对话框

4. 设备标注

该命令用于对赋值后的设备进行自动标注。

单击【强电平面】→【设备标注】，框选图面需标注部分，右键确认后弹出如图 2-45 所示的对话框（当前标注设备显红色）。

图 2-45　“标注设置”对话框

从左至右依次为：

【标注字高】：标注文字的高度，图纸尺寸，单位 mm。

【标注角度】：标注文字的角度，可选 0 度或 90 度，即对应的横标和竖标。

【标注形式】：选择一种标注形式，如图 2-46 所示的标注形式对话框跟随改变，标注形式定义见 2.1.1 中“设备标注形式定义”的相关说明。

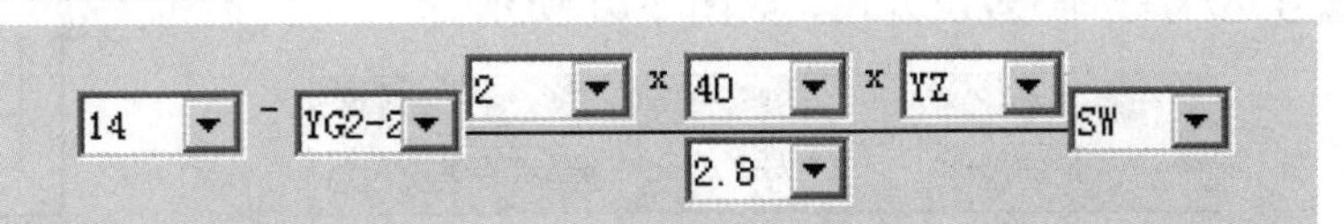

图 2-46　标注形式对话框

该对话框中显示的即为当前所标注设备（图面红色设备）的标注信息，其中数量为自动统计出，其他部分值为上次标注时的值，可手动进行修改。对于输过的值，软件会自动记忆，在标注时可在下拉条中直接选取。

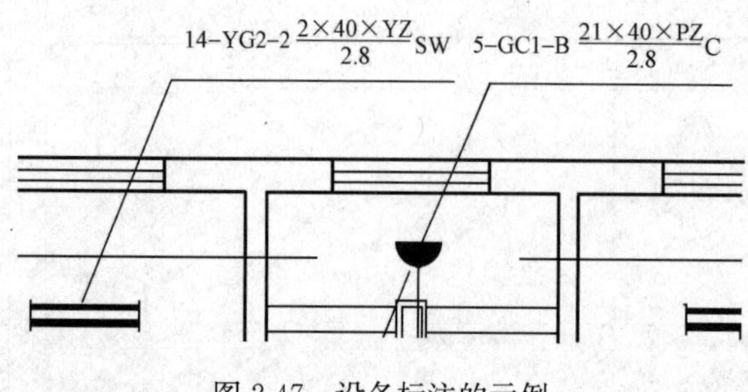

图 2-47　设备标注的示例

【统计数量】：选择自动统计可以根据标注时框选的设备，自动统计数量并标出。

【标注方式】：标注方式分边注式和引线式。

【字线距离】：文字和线之间的距离，如图 2-47 所示。

注：在进行标注时，标注形式会根据设备类型自动切换，比如标“灯具”时，在下拉列表中只显示事先定义的灯具标注类型，标“开关”时，只显示开关的标注类型，可以通过下拉列表选择该类设备的标注形式。

5. 根数标注

该命令用于标注或修改线缆的根数。

单击【强电平面】→【根数标注】，出现如图 2-48 所示的“线缆根数”对话框。

【标注位置】：指线缆标注放置的位置。

【根数信息】：选择手动指定根数还是取导线赋值，选择手动指定根数需要在键盘中输入对应数字；取导线赋值将读取导线赋值时的参数。

选择要标注根数的导线，即可完成根数标注，如图 2-49 所示。

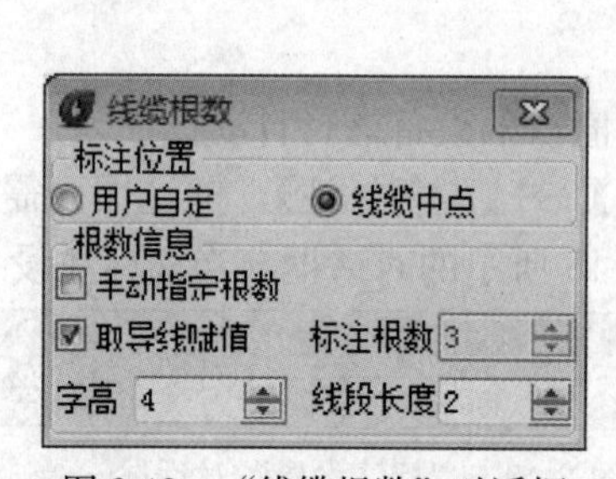

图 2-48　“线缆根数”对话框

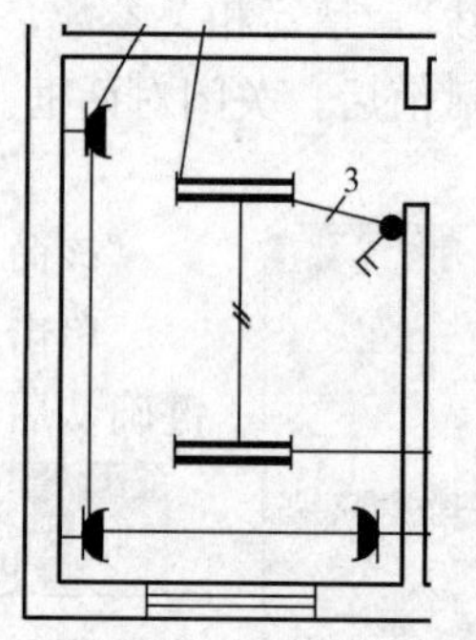

图 2-49　线缆根数设置后示例

注：对根数标注的表示形式可以在“线缆标注样式”功能中定义，参见 2.1.1 节。

6. 线缆标注

该命令用于对线缆进行标注。

单击【强电平面】→【线缆标注】，弹出如图 2-50 所示的“标注设置”对话框。

标注形式可以在“线缆标注样式”功能中定义。当有中性线时，可选用标注形式：编号-型号-中性线-穿管-敷设方式。没有中性线或是中性线和相线同一截面时，可选用标注形式：编号-型号-穿管-敷设方式，如图 2-51 所示。

图 2-50　“标注设置”对话框

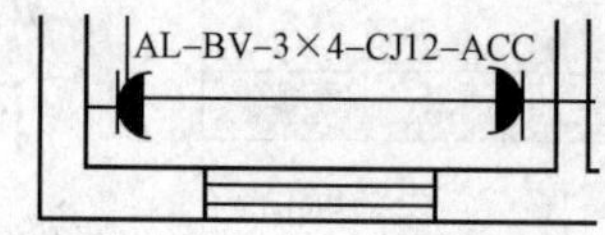

图 2-51　线缆标注的示例

7. 回路编号标注

该命令用于标注或修改线缆的回路编号。

单击【强电平面】→【根数标注】，出现如图 2-52 所示“回路编号”的对话框。

点选线缆，即可以对线缆进行回路编号标注，点选下一根线缆，线缆编号会自动增加“1”（增量可自定义）。标注的示例，如图 2-53 所示。

注：在标注过程中若要切换标注，可直接在键盘输入。例如点选线缆后当前标注为 AL4，若想切换至 AL9，则只需在键盘输入 9，右键确定。再例如当前标注为 AL4，若想切换至 WL7，则在键盘输入 WL7 后，右键确定，即可切换至 WL7。

图 2-52 “回路编号”对话框

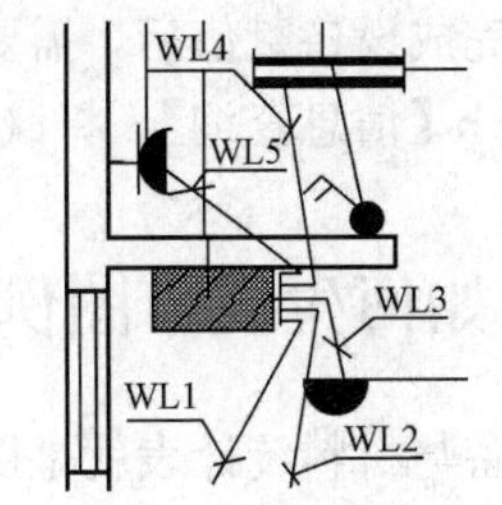

图 2-53 回路编号标注的示例

完成设备赋值和设备标注后的效果，如图 2-54 所示。

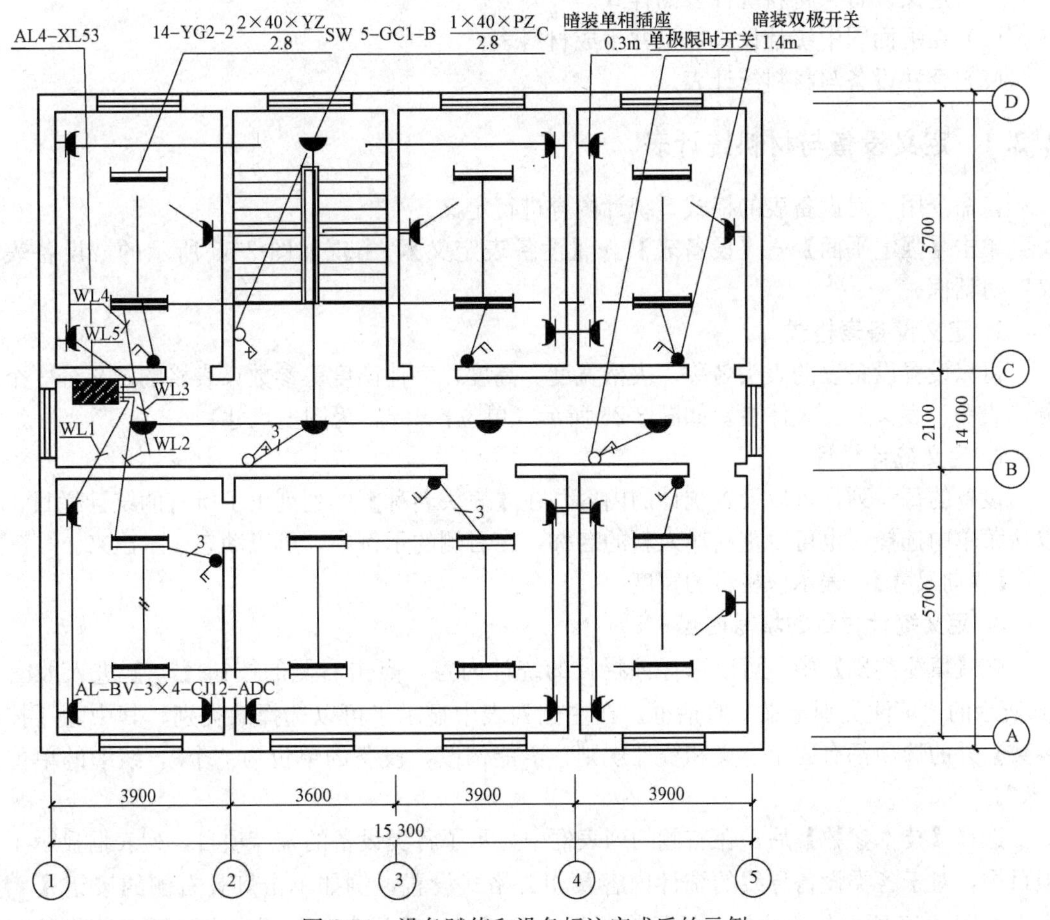

图 2-54 设备赋值和设备标注完成后的示例

2.1.5 绘制平面图小技巧

1. 房间复制

在 2.1.2 节中介绍了房间复制的功能，除了复制灯具外，还可以复制开关、插座、配电箱、导线等对象，并且能够根据房间的大小自动缩放定位。类似的功能还有房间镜像。

2. 信息查询

当完成设备赋值后，需要查询个别设备的赋值信息，可以用信息查询功能。单击【强电平面】→【信息查询】，将鼠标停靠在需要查询的对象上，即可显示该对象的赋值信息。

2.2 如何生成带图例的设备与材料统计表

设备与材料统计表就是用表格的形式列出平面中使用的所有图形符号或文字符号，还需要列出主要设备及其主要材料的规格、型号、数量及具体要求等内容，因此，快捷地绘制带图例的设备与材料统计表的方法可大大提高绘图效率。

注意，生成带图例的设备与材料统计表的前提是平面中的设备已经赋值。

生成带有图例的设备与材料表的基本步骤如下：

(1) 定义设备与材料统计表的样式。

(2) 在平面图中统计设备数量并生成材料表。

(3) 合并设备与材料统计表。

2.2.1 定义设备与材料统计表

该命令用于对设备表的格式、统计内容进行定义。

单击【强电平面】→【设备表】→【设备表定义】，出现如图 2-55 所示的“设备表定义”对话框。

1. 定义设备表格式

可以设置设备表的表头名称，表格宽度、高度，字体高度等参数，表格的定义分 3 个部分，表头、表头栏、表体栏，如图 2-25 所示（单位：mm，为图上尺寸）。

2. 定义统计栏目

设备的每一列都可以设置统计的内容，在【表头名称】一列列出了所有的统计栏目，可以从菜单中选择，也可以重新输入新的名称，在右侧的示例中，可以动态显示出来。

【横向尺寸】：表示该栏目的宽度。

3. 定义统计栏目的填写内容

在【填注类别】中，可以选择该栏目的统计内容，点击右侧的按钮【...】进入如图 2-56 所示的“填注类别定义”对话框。在左侧列表中显示了可以选择的类别，其中除【技术参数】外的选项都有固定意义和统计规则，不能修改，设备的单位为“个”，线缆的单位为“米”。

选择【技术参数】后，在右侧的列表框中显示了各类设备的统计项目，列表框显示了该项目中，对于各类设备导线的统计内容及相关格式设置，例如单击灯具右侧的按钮【...】，进入如图 2-57 所示的标注样式设置对话框。在【标注项目定义】列表中显示了选择的统计

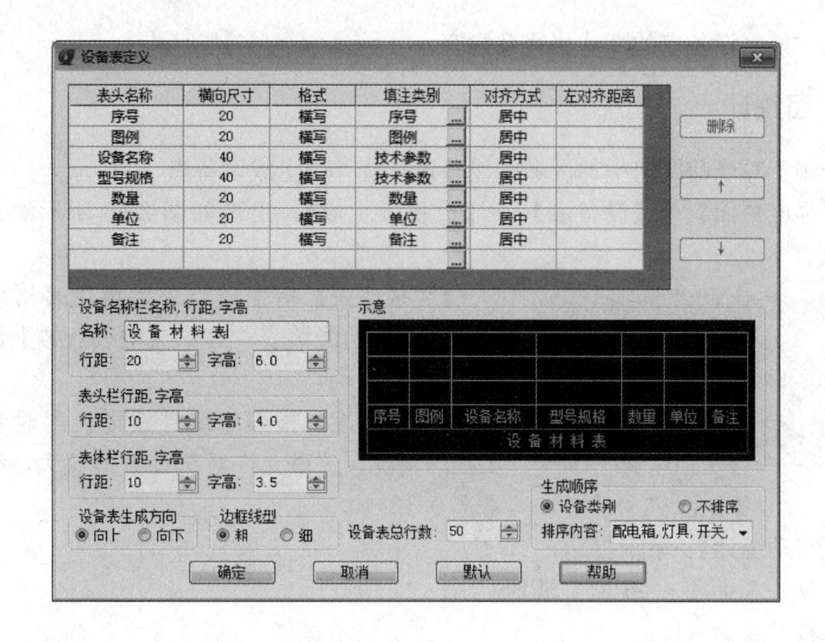

图 2-55 “设备表定义”对话框

项目和在设备表中的书写格式，在标注项目中可以选择统计的项目，加入到上面的列表中，当然，分隔符也可以同样输入。

注:【标注项目】中的选项可以在设备参数定义中修改增加。

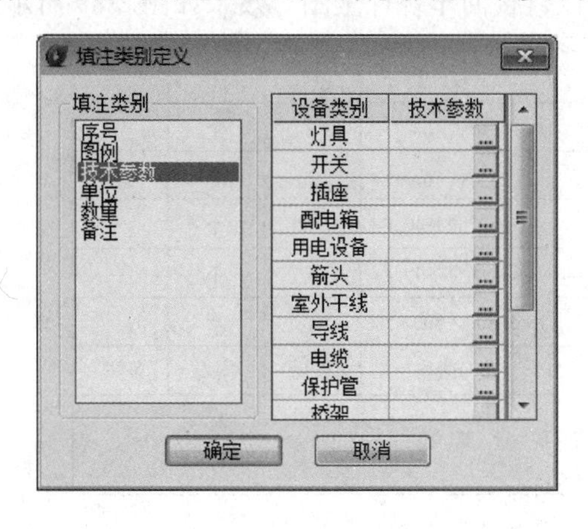

图 2-56 “填注类别定义”对话框

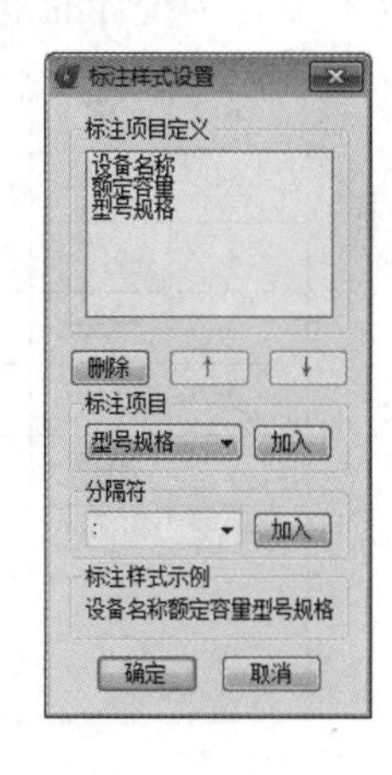

图 2-57 “标注样式设置”对话框

4. 增加新的统计栏目

可以增加新的栏目，栏目名称可以从菜单选择，也可以输入新的名称。然后填写后面的横向尺寸、格式、填注类别、对齐方式、左对齐距离（如果选择居中，则不用选择该项目）。

5. 表格生成控制

可以控制设备表生成方式，在对话框的下部有相应的选项，其中【设备表总行数】定义，当总行数超过该值，设备表将分成两个表生成；【生成顺序】定义，可以设置在表中按类别排序的书写规则。

【默认】：恢复设备表的默认格式及内容。

2.2.2 平面统计

该命令用于对当前图选中的区域的设备进行统计，生成设备表。

单击【强电平面】→【设备表】→【设备表生成】，出现如图2-58所示的“设备表生成”对话框。

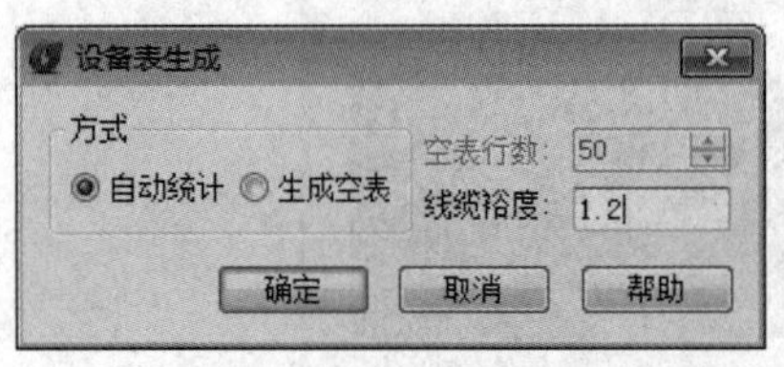

图2-58 “设备表生成”对话框

【生成空表】指生成空表后再用表格填写功能或设备表编辑功能填表。其中【空表行数】需输入想要生成空表的行数。

【线缆裕度】指程序统计线缆长度时考虑到实际工程的情况，这里允许对统计数据放大，线缆裕度通常选0.12～0.15。

选择【自动统计】，系统提示：

∗平面设备表生成∗＝PM_SBBSC

请输入楼层数量〈1〉：

输入楼层数量，指统计重复数，如果统计的是某个标准层，则可以输入标准层的数量，统计的是所有标准层的设备材料；如果统计的是一个标准房间，则可以输入标准房间的数量。

请请输入选择方式【0—框选/1—指定统计区域】〈0〉：

框选图2-53作为统计的范围，也可以直接回车统计全图，效果如图2-59所示。

<table>
<tr><td>6</td><td></td><td>暗装单相插座</td><td>250V，10A</td><td>18</td><td>个</td><td>—</td></tr>
<tr><td>5</td><td></td><td>暗装双极开关</td><td>250V, 10A</td><td>6</td><td>个</td><td>—</td></tr>
<tr><td>4</td><td></td><td>单极限时开关</td><td>250V, 10A</td><td>3</td><td>个</td><td>—</td></tr>
<tr><td>3</td><td></td><td>双管荧光灯</td><td>YG2-2，2×40, PZ</td><td>14</td><td>个</td><td>—</td></tr>
<tr><td>2</td><td></td><td>天棚灯</td><td>GC1-B, 1×40, PZ</td><td>5</td><td>个</td><td>—</td></tr>
<tr><td>1</td><td></td><td>照明配电箱</td><td>XL53800×800×180</td><td>1</td><td>个</td><td>—</td></tr>
<tr><td>序号</td><td>图例</td><td>设备名称</td><td>型号规格</td><td>数量</td><td>单位</td><td>备注</td></tr>
<tr><td colspan="7">设 备 材 料 表</td></tr>
</table>

图2-59 设备表生成的示例

2.2.3 合并设备与材料统计表

在一张DWG（CAD图形文件）中可能统计生成了若干张图的设备表，如果想要统计生成总表，可以执行以下操作：

单击【强电平面】→【设备表】→【设备表合成】，然后依照程序提示选择需要合并的设备表，指定新的设备表的生成位置后，合并后的设备表自动生成，自动生成总表的同时并不删除原来的设备表。

2.3　如何绘制系统图

电气系统图的作用是用单线图来表示电能或电信号的回路分配情况，主要表示各个回路的名称、用途、容量以及主要电气设备、开关元件及导线电缆的规格型号等。通过电气系统图可以知道该系统的回路个数及主要用电设备的容量、控制方式等。建筑电气工程中系统图是一个重要的环节，包括动力、照明、变配电装置、通信广播、电缆电视、火灾报警、防盗保安、微机监控、自动化仪表等各种系统图。

大部分建筑电气软件都提供多种绘制电气系统图的方法，可以让您以最快的速度、最简便的方法绘制出所需的系统图。浩辰电气软件提供了两种绘制强电系统图的方法，直接绘制法和自动化设计法，下面逐一加以介绍。

2.3.1　系统图设置

该命令用于设置配电箱系统的相关参数。

在绘制系统图前先进行系统图参数设置。

单击【强电系统】→【设置】，出现如图 2-60 所示的“配电箱系统图设置”对话框。

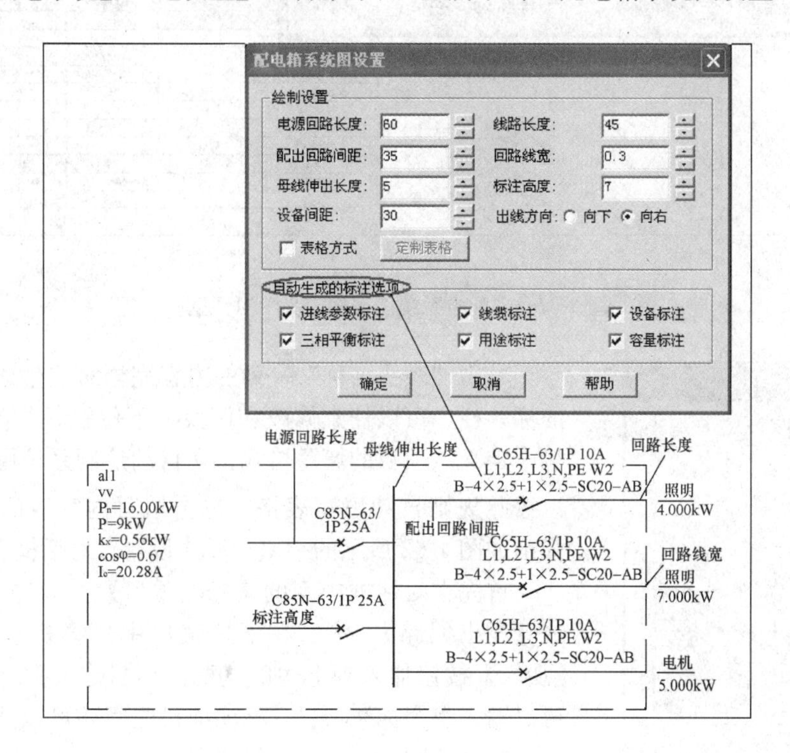

图 2-60　“配电箱系统图设置”对话框

注：其中控制尺寸单位为毫米，并且考虑了出图比例，如出图比例设为 1∶100，则绘制长度 30mm，实际绘出单位为 3000mm。

软件提供了两种形式配电箱系统图的绘制，包括图形式和表格式。

1. 图形式系统图设置

绘制式样和有关设置的对应关系，如图2-60所示。其中：

【出线方向】系统图可以向下绘制也可以向右绘制；

【标注高度】设备型号规格标注距离回路线的高度；

【自动生成的标注选项】有关数据可以自动标注到系统图中，可以勾选需标注的项目。

2. 表格式系统图设置

表格式系统图如图2-61所示，其他设置类似图形式，可以在图2-60所示的对话框中勾选“表格方式”，然后单击【定制表格】按钮，弹出如图2-61所示的表格定义对话框。

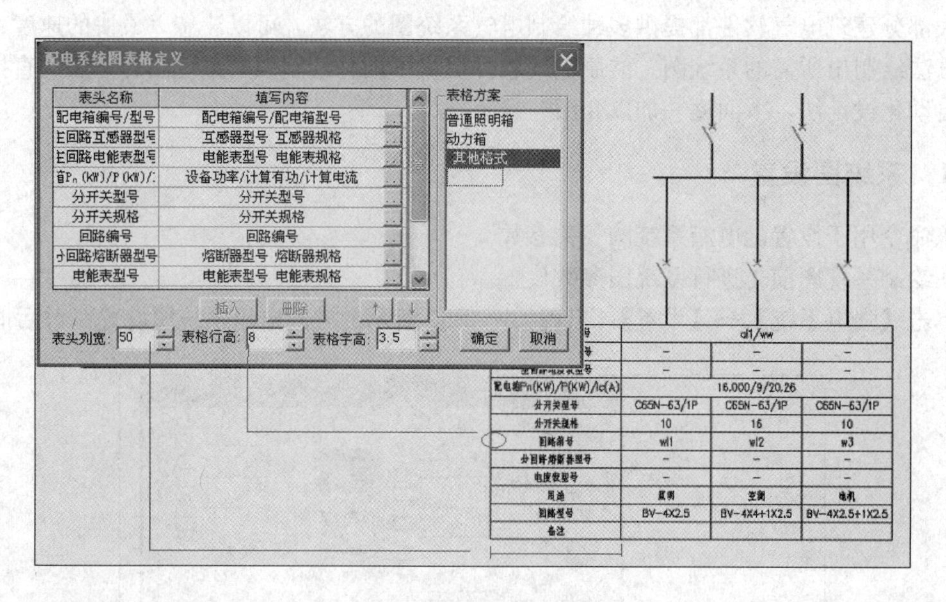

图2-61 “配电系统图表格定义”对话框

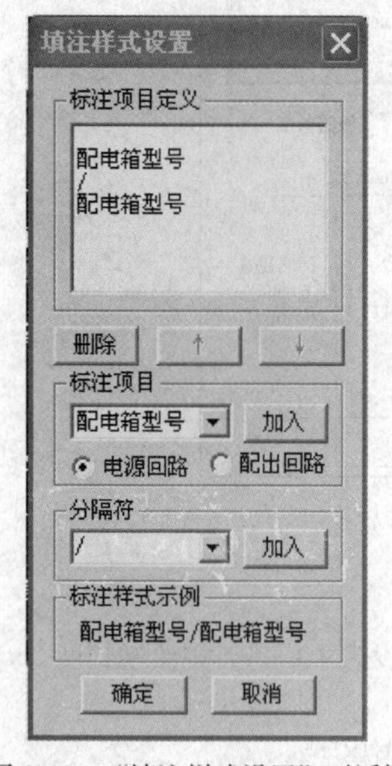

图2-62 “填注样式设置”对话框

其中“表头名称”一列的内容完全对应生成的系统图表的标题栏，可以任意修改和调换上下位置。“填写内容”一栏中定义该项目的填写格式，在自动绘制系统图时，软件可以按此规则自动填写表格。单击填写内容后的按钮【...】，弹出如图2-62所示的“填注样式设置”对话框。

首先在对话框中间的【标注项目】中勾选【电源回路】或【配出回路】，然后在下拉菜单中选择标注项目，单击【加入】按钮加入到上边的【标注项目定义】列表中，在此可以输入多个标注项目，标注项目之间还可以选择分隔符加入，方法相同。

例如，在配电箱系统图中配电箱型号栏中要标注如下内容：1AL-PZ30-12/C4，则标注项目应选择有“配电箱编号”、“分隔符－”和“配电箱型号”，显示事例为“配电箱编号－配电箱型号”，并且在右方对话框的最下部显示。

2.3.2　直接绘制法绘制系统图

直接绘制法绘制系统图是从系统图的方案库中选择，加以修改和标注。

下面，以照明系统图为例，介绍“直接绘制法绘制系统图”的操作方法。

1. 调用方案绘制系统图

单击【强电系统】→【照明系统图】，出现如图 2-63 所示的“照明配电箱方案选择”对话框。

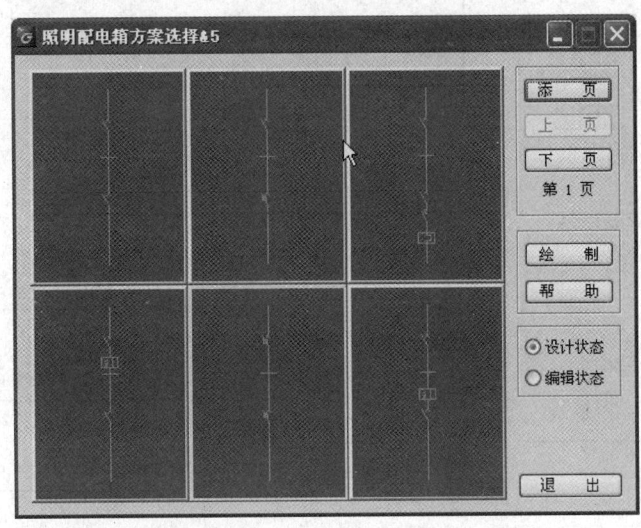

图 2-63　“照明配电箱方案选择”对话框

勾选【设计状态】，单击一个方案，每个方案只显示电源回路和一个配出回路，配出回路的数量在屏幕提示中输入，单击【绘制】按钮即可输出，效果如图 2-64 所示。

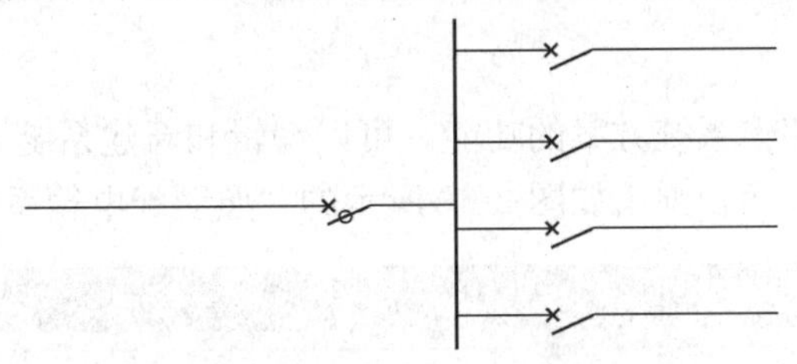

图 2-64　照明配电箱方案的示例

2. 标注

单击【强电系统】→【标注】，如图 2-65 所示，各种标注均有显示。

配电箱标注与进线标注的操作方法相同，指定标注位置，输入参数。

设备标注时选择要标注的设备，在命令行中输入参数。如果同时选择多个设备进行标注，加亮显示的是正在标注的设备，完成该设备标注后，会自动跳转下个设备进行标注。

线缆标注、用途标注、相序标注、编号标注、通用标注的操作方法相同，绘制截线，标注相交的回路，然后指定标注位置，可以选择回路上某个位置，也可以选择回路末尾，输入参数，上下位置保证对齐。标注后的效果如图 2-66 所示。

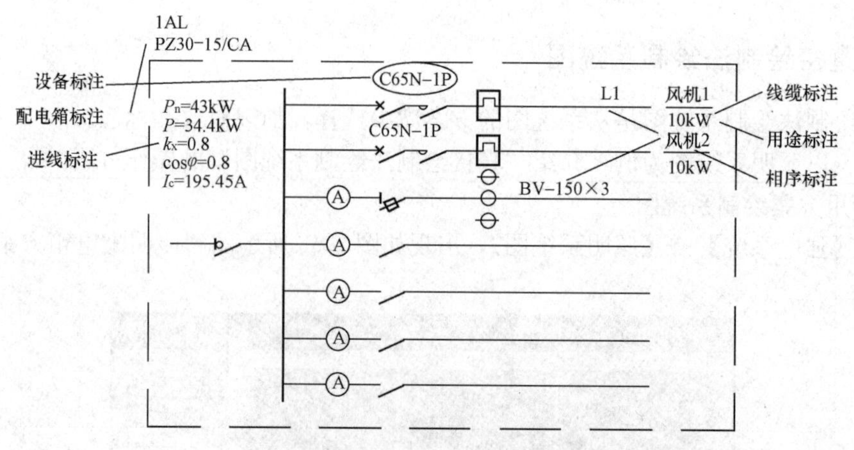

图 2-65 照明系统图标注的示例

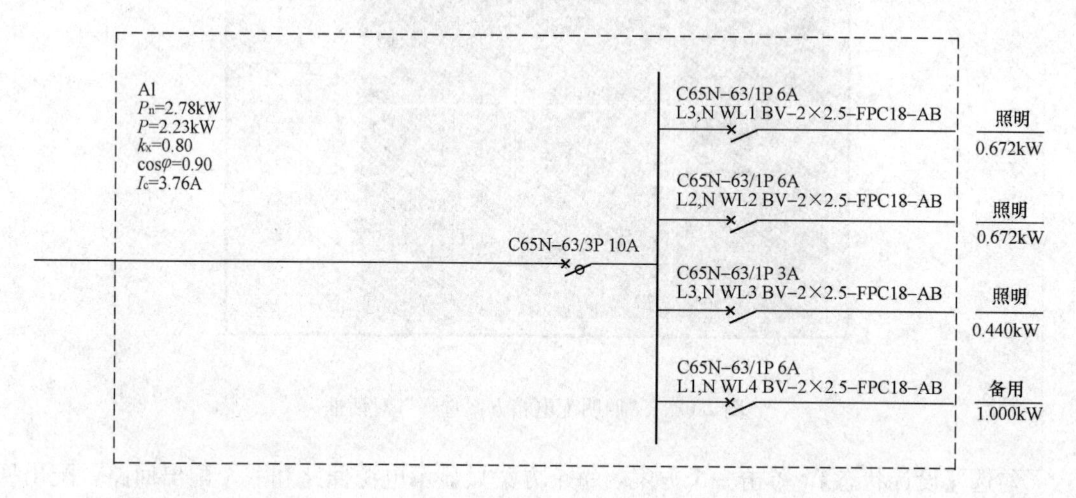

图 2-66 照明配电系统图的示例

3. 编辑系统图方案

软件同时还提供了编辑系统方案的功能，可以编辑和新建系统方案方便下次使用。勾选【编辑状态】，点取一个方案，弹出如图 2-67 所示的“照明配电箱系统图构造”对话框。

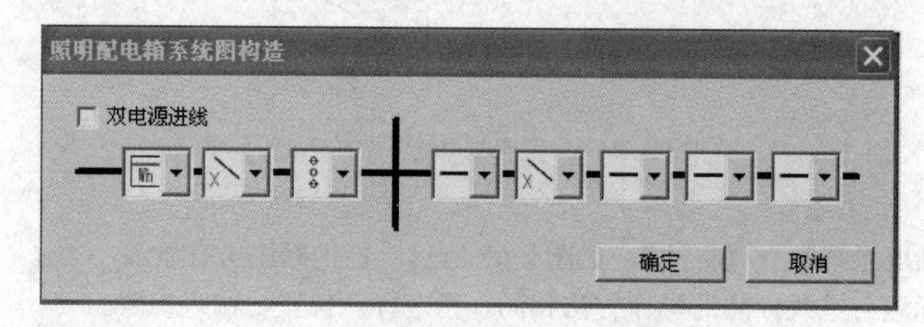

图 2-67 “照明配电箱系统图构造”对话框

在对话框中选择电源回路和配出回路的元件，构造新的照明回路。

单击鼠标右键，在方案中复制和粘贴已有方案，然后再进行上述的编辑工作，以增加新的回路方案。

注：所绘系统图的间距大小以及线路长度在系统图设置中修改见前节。绘出系统图以后可以用设备编辑功能继续插入元件、替换元件、删除元件、上下级连线；应用标注工具中的功能标注配电箱以及各回路的编号，设备型号规格等。

2.3.3　配电箱自动生成系统图

前面介绍了直接绘制系统图的方法，需要逐一绘制和标注回路，下面介绍由配电箱自动生成系统图的方法。

单击【动照系统】→【自动化设计】，弹出如图 2-68（a）所示对话框。配电箱自动化设计提供了三种数据输入的方法，分别是“直接输入法”，“从平面图自动提取系统图”和“从平面图自动提取回路容量”。三种方法的特点和针对的设计情况略有不同，下面将分别讲述三种方法的操作步骤、绘图技巧。

1. 直接输入法

直接输入法是指在表格中直接输入各回路灯具和动力设备的负荷，然后利用软件的自动化设计功能进行电缆、导线和设备的选型等相关操作并自动生成系统图的方法。该种方法的操作步骤如下：

（1）定义各个配电箱及其电源回路。每个配电箱可分为电源回路和配出回路，如图 2-68 所示。

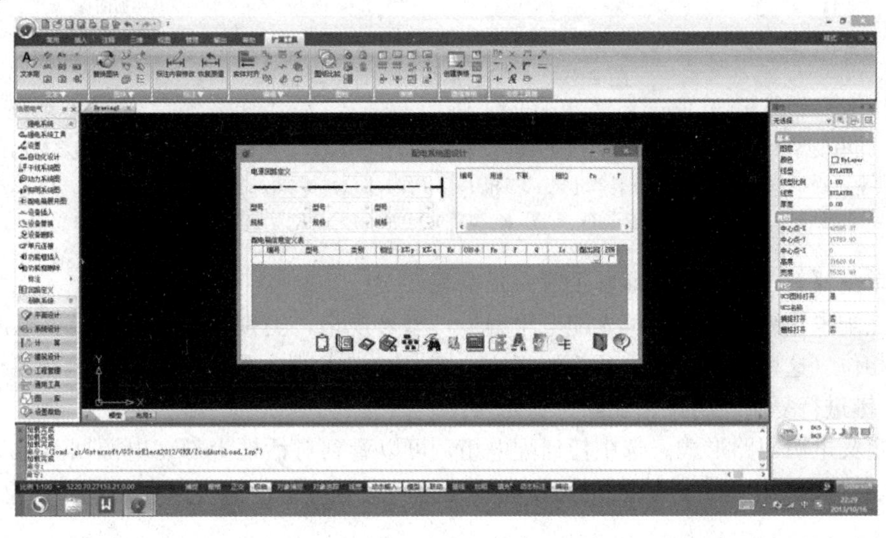

(a)

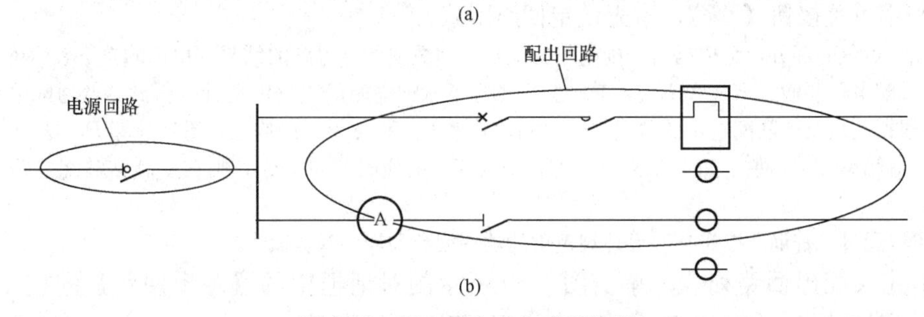

(b)

图 2-68　配电箱自动生成系统图

（a）对话框；（b）照明配电箱系统图的示例

调用命令，弹出如图 2-69 所示的配电箱信息定义表，可以将低压系统中所有配电箱都罗列到表格中，每行一个配电箱，以配电箱编号相互区分。创建办法如下：

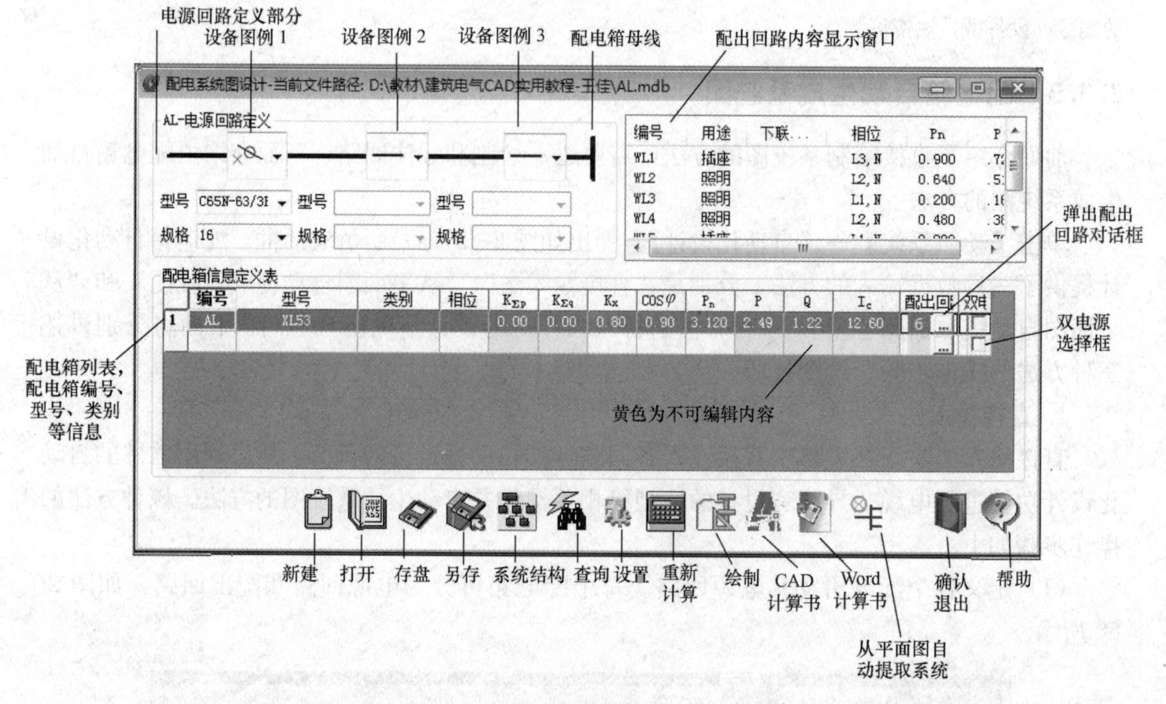

图 2-69 “配电系统图设计”对话框

$K_{\Sigma p}$—有功同时系数默认 0.9；$K_{\Sigma q}$—无功同时系数默认 0.9；K_x—需要系数 0～1；$\cos\varphi$—功率因数 0～1；P_n—用电设备组设备额定容量，kW；P—用电设备组计算有功功率，$P=K_x\times P_n$；Q—用电设备组的计算无功功率，kvar，$Q=P\tan\varphi$；I_c—计算电流：三相 $I_c=P/(1.732\times0.38\cos\varphi)$，单相 $I_c=P/(0.22\times\cos\varphi)$；总配电箱 $P=K_{\Sigma p}\times\sum(K_x\times P_n)Q=K_{\Sigma q}\times\sum(K_x\times P_n\times\tan\varphi)$。

1）单击【新建】按钮，即可生成一张空表。

2）在配电箱列表框内，填入配电箱编号，型号规格，类别（普通配电箱、电源进线配电箱），相位（这里的相位是主开关的相位），以及功率因数，需要系数。配电箱各行数据可以单击右键进行复制、粘贴、删除、剪切操作。

3）定义电源回路形式。选中任何配电箱，可以看到对话框上部“电源回路定义”区域亮显，此时可以对电源回路进行定义，选择元件和型号规格。也可以在创建“信息定义表”之前，利用设置按钮【】，事先设定回路形式。

注：1）黄色的部分，是根据每个配电箱的配出回路数据计算得到的结果，白色的空格表示可以输入数据。其中总配电箱要输入 $K_{\Sigma p}$ 和 $K_{\Sigma q}$，其他数据根据下联配电箱的数据汇总计算得到。普通配电箱的所有数据也是根据配出及下联配电箱的数据计算得到，其中 K_x 和 $\cos\varphi$ 可以修改，重新计算 P、Q、I_c。

2）配电箱编号中，数字如果在文字（AL，AP 等）前面时，如 1AL，则在复制粘贴配电箱时可以自动累加编号。

3）可以通过“查询”按钮查看设计规范中的功率因数和需要系数表。

（2）定义配出回路列表。单击图 2-69 所示的对话框中的【配出回路】的按钮，弹出“配出回路对话框”，如图 2-70 所示，输入该配电箱的配出回路数据。如果是首次进入编辑，则必须存盘以后方可进入配出回路对话框。

在回路定义信息表中白色区域内输入配出回路的相关参数，包括回路编号，用途（在自动绘图时标注），下联配电箱等。软件自动计算有功、无功和计算电流。

注：输入下联配电箱时，应输入在前一个对话框中输入的配电箱编号，如连接多个配电箱，输入的多个配电箱编号应以逗号隔开，如“1AL，2AL”。相位一栏如果是单相，可以不输入，由软件自动分配。

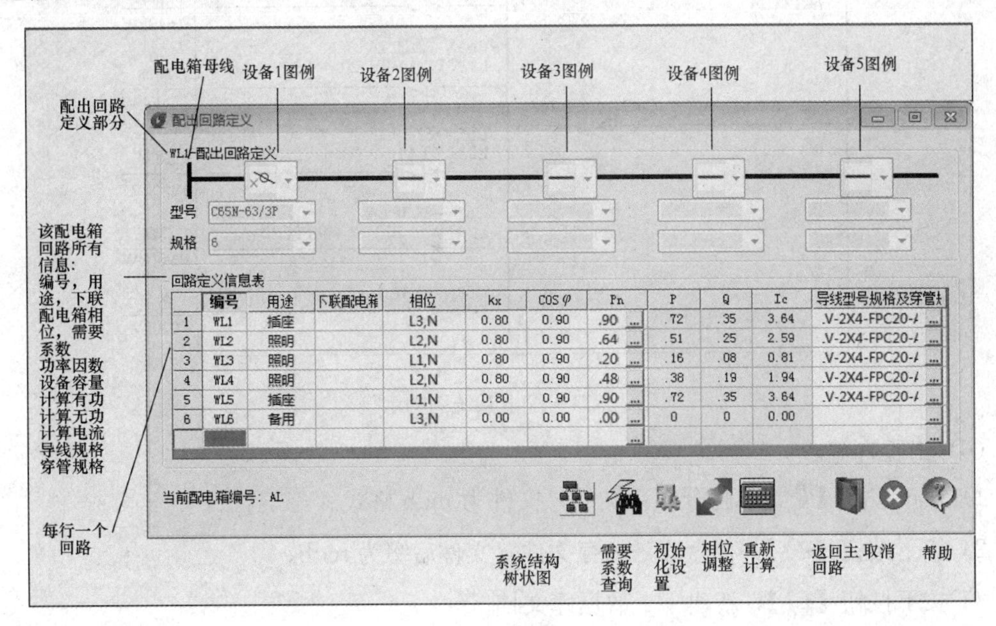

图 2-70　“配出回路定义”对话框

在对话框上部的“配出回路定义”中，软件自动根据设置，选择元件及型号，可以修改设置。

软件还可以根据计算电流，自动选择的导线的型号规格及穿管规格，在每个回路的最后显示，也可以修改。方法是点“导线型号规格”下的【...】按钮，弹出对话框，可以选择导线型号及查询电缆截面、查询管径等，单击【确定】按钮，即可将查询得到的数值返回。

按下按钮【】，进行相序调整，不能平衡的可以人工设置相位。单击【】确认返回。

注：配电箱负荷的不平衡率设为 15%，如果三相平衡，则负荷按照三相负荷加各项单相负荷之和；如果三相不平衡，则负荷按照三相负荷加最大单相负荷的三倍。

（3）查询需要系数功率因数。按下【】，查询需要系数和功率因数，软件收录了《工业与民用配电设计手册》中所有相关数据。

（4）自动绘制系统图。软件可以输出某个配电箱的系统图，也可以输出整个系统的配电箱系统图。

1）选中一个普通配电箱，再单击【】，可以输出该配电箱的系统图。

2）选中一个总配电箱再单击【】，当命令行询问是否绘制下级配电箱时输入“yes”，可以绘制整个系统的配电箱系统图。

系统图绘制完成后的效果如图 2-71 所示。

（5）输出计算书。按【】或【】分别输出到 Word 或是 CAD 软件中。

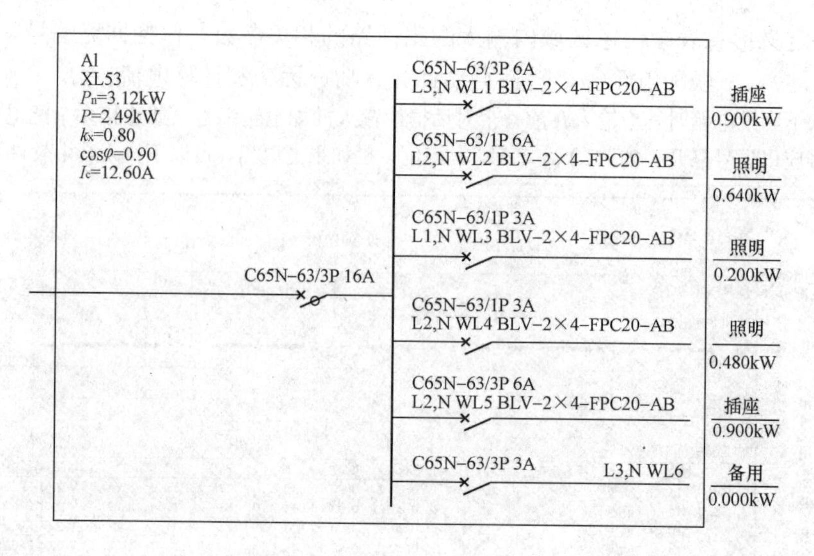

图 2-71　配电系统图的示例

（6）工程存储。

1）按下按钮【】，打开存盘文件，文件为 mdb 格式。

2）按下按钮【】，存盘或是另存文件，文件后缀为 mdb。

3）按下按钮【】，新建一个数据库文档。

（7）编辑修改。如果修改了系统中任何参数或负荷，可以按下【】，对所有相关的回路进行重新计算和选型。

2. 自动生成系统图的方法

可以从已经绘制的平面图中，搜索设备的赋值信息，自动读入数据，赋值信息包括所属配电箱、回路编号、设备容量、灯具为灯头数目 X 额定容量等。

如果设备赋值时，用电设备没有分配配电箱和回路编号，也可以到回路定义中定义设备所属配电箱和回路，具体步骤如下。

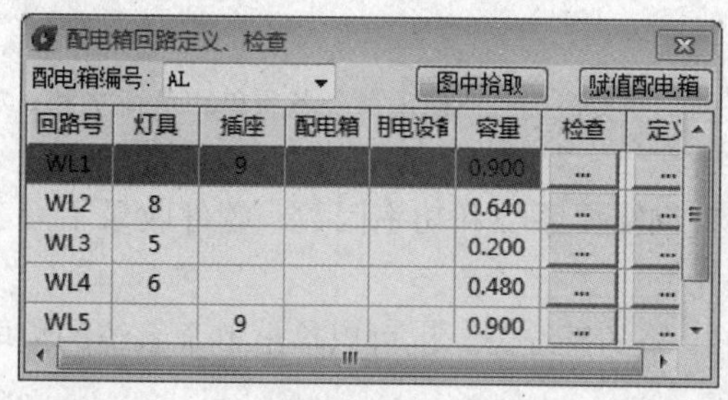

图 2-72　“配电箱回路定义、检查”对话框

（1）选择【强电系统】→【回路定义】功能，弹出如图 2-72 所示的“配电箱回路定义、检查”对话框，在“配电箱编号”栏中输入配电箱的编号，在“回路号”栏输入回路编号，点取相应【定义】按钮，到平面图上框选或点选属于该回路的设备，这样回路就和这些设备建立了连接关系。最后点取【赋值配电箱】，在平面上点取相应的配电箱就完成了对于一个配电箱和其回路的定义。

（2）对于已经建立联系的回路和用电设备也可以删除此连接关系，单击某个回路后的【定义】按钮，点取需要取消连接关系的设备，可以看见设备颜色发生了变化；特别地，如果定义连接时，点取了其他回路的设备，则该设备自动解除和原来回路的连接关系。

根据建筑照明设计的相关标准，按照以上步骤对图 2-54 进行回路定义。

（1）单击【自动化设计】，弹出如图 2-73 所示的对话框。单击【 】按钮，即可自动提取平面图中的配电箱及其回路编号及容量信息。

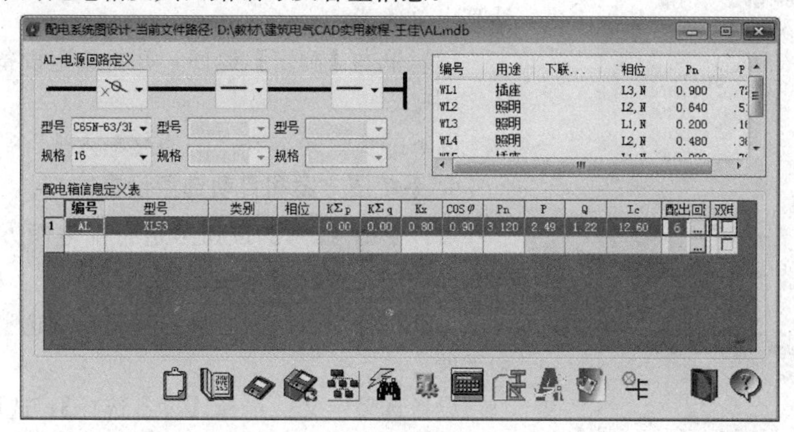

图 2-73　“配电系统图设计”对话框

（2）在对话框表格内输入相位、类别、型号规格、需要系数 K_x、功率因数 $\cos\varphi$ 以及配出回路的用途、相位、需要系数 K_x、功率因数 $\cos\varphi$ 等，单击【计算】，其他操作同前。

注：在自动提取平面图中的配电箱之前要先检查配电箱等设备的回路是否定义完成。在“配电回路定义、检查”对话框中，选择一配电箱，列出回路号，单击某个回路后面的检查按钮，可以看到在平面图上，所有该回路的设备变为其他颜色（可以依照屏幕提示，定义变化的颜色），据此检查回路负荷情况。

3. 从平面图自动提取回路容量

在平面图中设备可以不定义回路信息，而只需要给用电设备的容量赋值，然后使用本功能，使用步骤如下：

（1）单击【自动化设计】按钮，在对话框中单击【配出回路】按钮。弹出“配出回路定义”对话框，如图 2-74 所示，在设备功率“Pn”旁边有一个按钮，可以从平面图提取该回路容量，单击该按钮，然后弹出如图 2-75 所示的“回路容量选择”对话框。

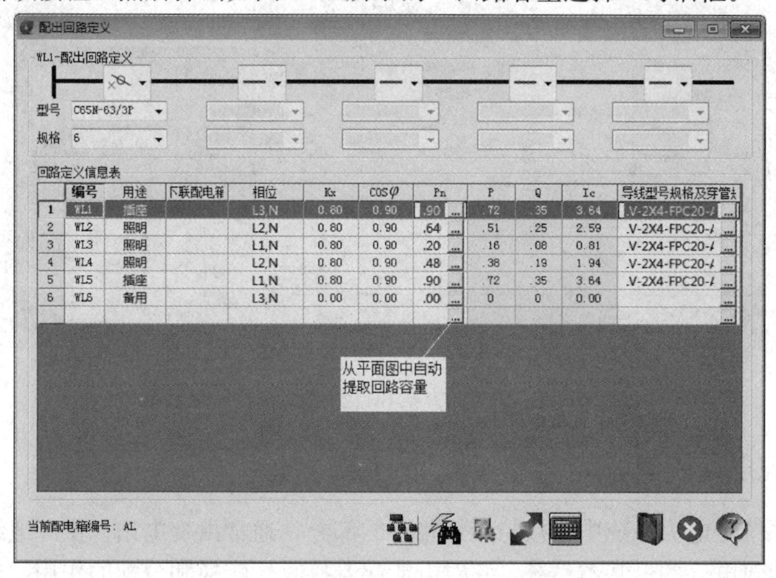

图 2-74　“配出回路定义”对话框

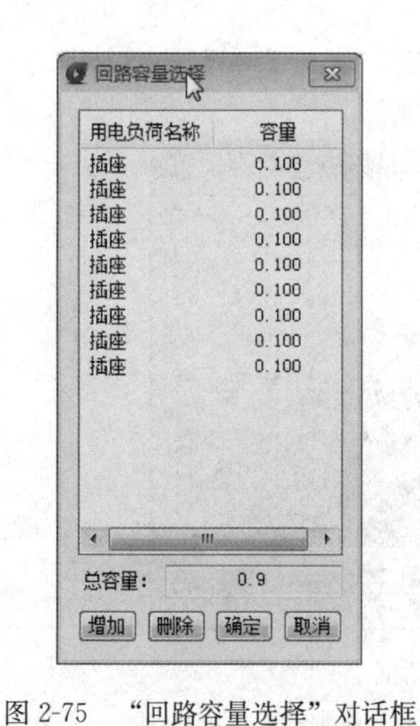

图 2-75 “回路容量选择”对话框

（2）在对话框中，单击【增加】，进入 CAD 软件中框选此回路的设备，软件将选到的设备和容量列出，并计算出总负荷。

（3）单击【确定】返回，并将选定设备容量值写到 P_n 栏中。

以下的步骤同本节“1. 直接输入法”。

4. 系统图方案和自动选型设置

（1）单击【】按钮可进行配电箱方案设置和元件自动选型设置，对话框如图 2-76 所示。根据此设置，可以自动将各个回路按通常的情况自动选型（包括电缆和元件）。

设备选型定义：选择【设备选择】，选取某种设备，在左侧【该设备型号默认值】选择设备的默认型号，规格根据配出回路的计算电流整定得到，例如，回路电流计算结果为 90.9A，断路器型号默认为 C65N-63/1P，规格整定为 125A。

注：对于有上下级配合的断路器，上一级采用放大一级的方法选择。

（2）导线（电缆）选型定义：软件根据计算电流，自动按照设计手册提供的数据，自动选择导线型号和保护管规格。

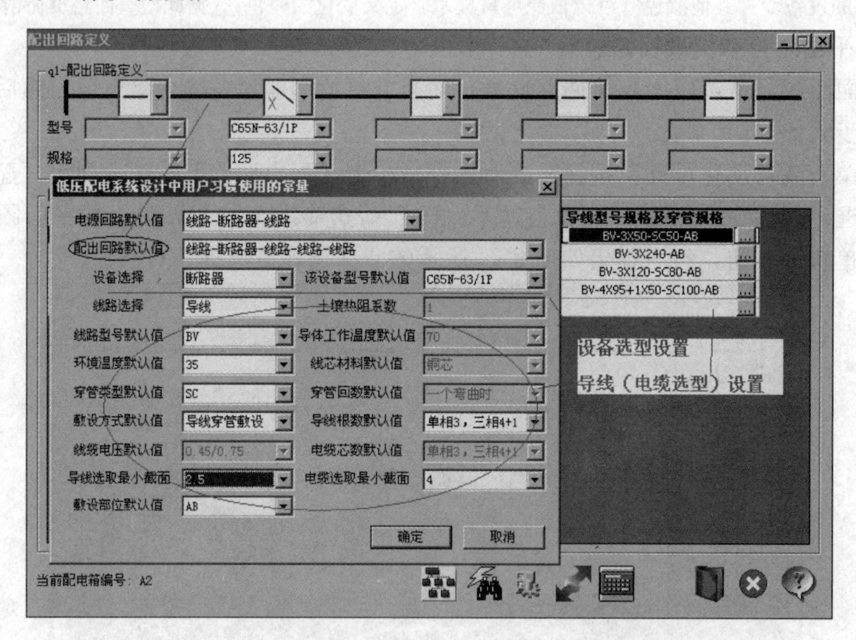

图 2-76 “系统图方案和自动选型设置”对话框

2.3.4 供配电系统图

供配电系统是电力系统中直接与用户相连的部分，通常由变电站、供配电线路及用电设备组成。是建筑电气的最基本系统，它对电能起着接收、转换和分配的作用，向各种用电设备提供电能。供配电系统图就是用单线图来表示电能或电信号的回路分配情况，通过电气系统图可以知道该系统的回路个数及主要用电设备的容量、控制方式等。

1. 回路设置

单击【供配电系统】→【回路设置】，出现如图 2-77 所示的回路方案设置对话框。

【回路间距】设置回路间距值“h”，如图 2-78 所示。

【母线宽度】设路的母线宽度。

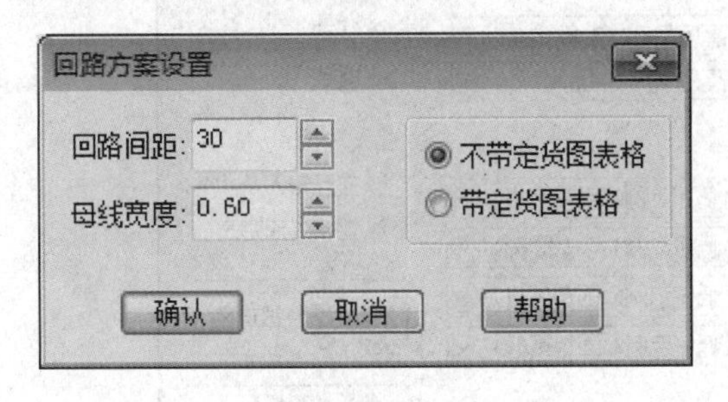

图 2-77　“回路方案设置”对话框

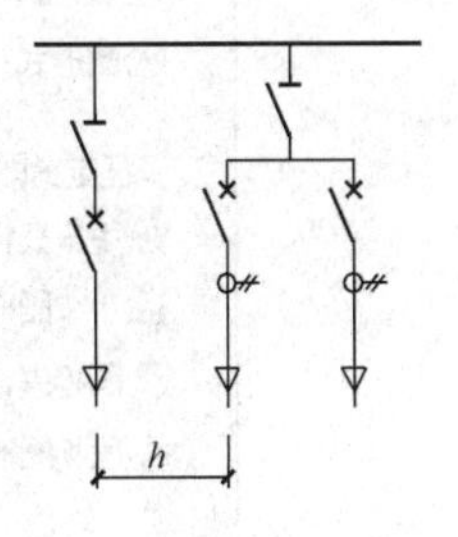

图 2-78　回路方案的示例

2. 回路绘制

点击【供配电系统】→【回路绘制】，出现如图 2-79 所示的“回路库”对话框。

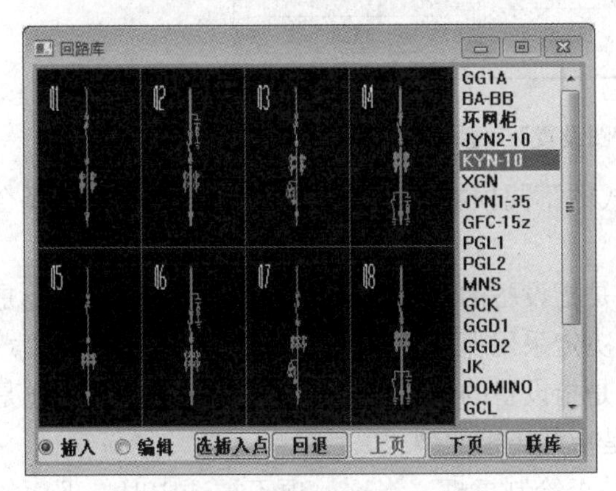

图 2-79　“回路库”对话框

绘制回路时，应在左下的选项中，选择“插入”，此时系统在 CAD 软件提示栏，提示：

＊请输入回路插入点〈回车取上次值〉：

可以任选一点，开始绘制新的回路；或按回车键，系统会自动接在上次绘制的最后一个回路后绘出新的回路。

选插入点 I/绘制回路 S：

可以直接点取要绘制的回路，也可键入 I（点击选插入点按钮），重新选择绘制点。在绘制过程中，可以随时键入 U，或点击回退按钮，取消上次绘制的回路。

完成的效果如图 2-80 所示。

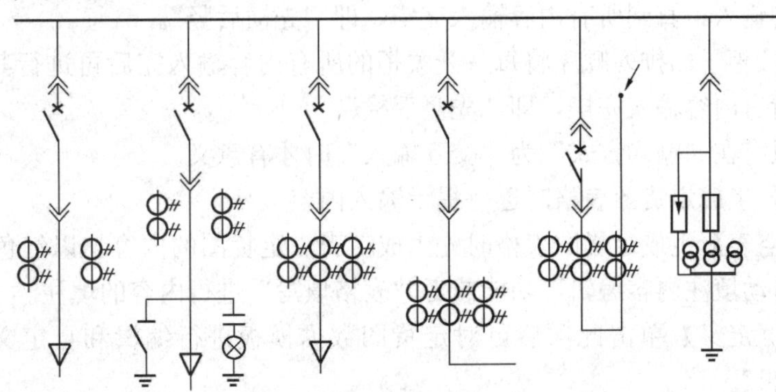

图 2-80　配电系统图的示例

3. 定货图表格

定货图表格是指在高低压系统图中绘制的表格。定货图设置用来设置高压、低压、配电箱定货图的型式。

单击【供配电系统】→【定货图设置】，出现如图2-81所示的“定货图设置”对话框。

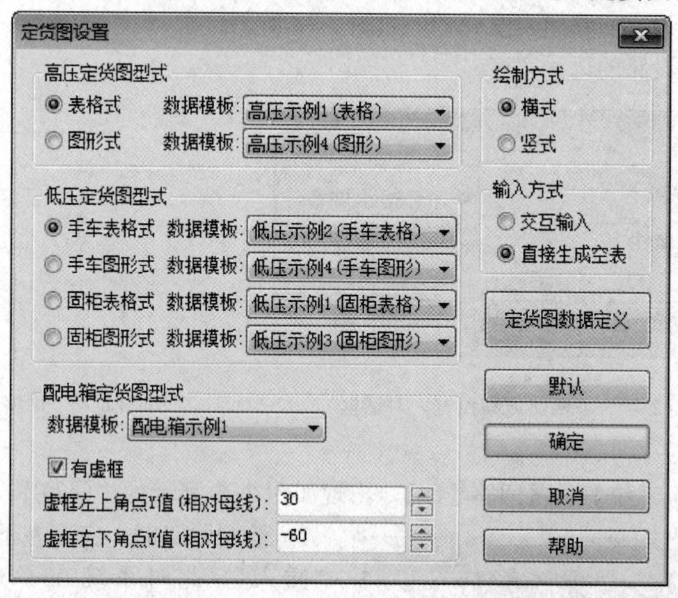

图2-81 “定货图设置”对话框

“数据模板”项提供了适合不同定货图型式的不同模板。可以根据定货图型式来选择合适的模板。

【高压定货图型式】“表格式”、“图形式”是指设备的型号规格是直接标注在图形中还是列出在定货图表格中，可以根据自己的习惯来决定采用那一种型式。

【低压定货图型式】“表格式”、“图形式”是指设备的型号规格是直接标注在图形中还是列出在定货图表格中。“手车式”、“固柜式”是指低压柜的型式。

【有虚框】此项设置配电箱定货图绘制时是否绘制虚框。当这一项不被选中时，下面的“虚框左上角点Y值（相对母线）”和“虚框右下角点Y值（相对母线）”禁止输入。

【横式】横式是将定货图表格的内容（比如用途）按柜子的排列顺序输入完毕后再进行表格其他内容的输入，直到所有内容输入完毕，即“先横后竖”。

【竖式】是按柜子的排列顺序将每一开关柜的所有内容输入完后再进行其他开关柜内容的输入，直到所有内容输入完毕，即“先竖后横”。

此项内容只有在“输入方式”为“交互输入”时才有意义。

【交互输入】生成定货图表格时逐一提示输入内容。

【直接生成空表】生成定货图表格时先生成空表，定货图的内容均以红色的“X”表示，后续可以用“自动填注内容编辑”功能或者“表格填写”进行内容的填注。

【定货图数据定义】单击此项后可对定货图数据模板进行编辑和自定义。详细操作见“定货图数据编辑”。

【默认】为了防止随意修改数据导致原始数据丢失，提供了【默认】按钮，无论如何修改，单击此按钮，即可恢复原始数据。

注：(1) 有关每一种数据模板的具体形式在单击【定货图数据定义】按钮后均有动态显示。

(2) 定货图的设置按照本单位的习惯设定完毕，如需在其他机器共享，只要把定货图设置文件（Dhtsj. Idp，在 \ Datcom 目录下）拷贝出即可。

4. 高压定货图（下）

单击【供配电系统】→【定货图表格】→【高压下】，进行定货图设置，确定模板及其他选项是否符合自己的要求。此时如果定货图设置中“输入方式”选择“交互输入”，则逐项提示输入内容；选择“直接生成空表”就生成空表后结束。

如图 2-82 所示，为选择“直接生成空表”时绘出的图形，可以用“自动填注内容编辑”功能或者“表格填写”功能来填写文本内容。

注：选择出线时应框入完整回路，包括母线。

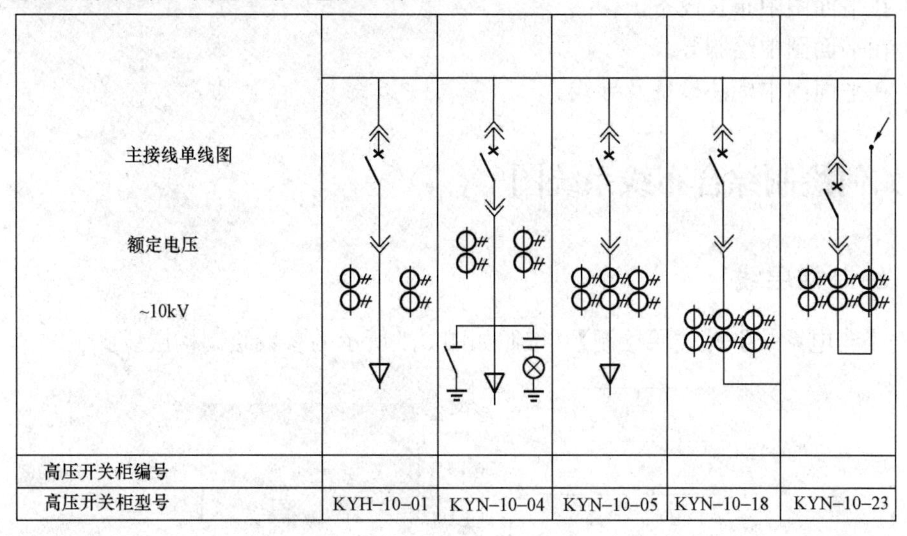

图 2-82　高压定货图的示例

第 3 章　如何绘制弱电系统图

本章主要介绍部分建筑弱电系统图的绘制方法，弱电平面图及材料表的绘制方法与强电类似。下面将通过实际绘制综合布线系统图和紧急报警系统图，详细介绍绘制弱电系统图的方法和步骤。

应用绘图软件绘制弱电系统图的基本步骤如下：

（1）在平面图中绘制楼层线。

（2）在平面图中布置设备。

（3）在平面图中绘制导线。

（4）在平面图中标注设备及导线。

3.1　如何绘制综合布线系统图

3.1.1　绘制楼层线

单击【弱电系统】→【楼层绘制】，按照如图 3-1 所示的参数绘制楼层线。

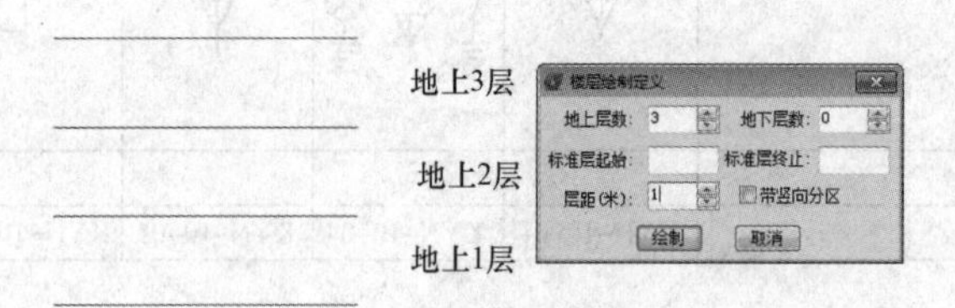

图 3-1　绘制楼层线的示例

【地上层数】：地上层数从 1 层开始，在此输入楼层总数。

【标准层起始】【标准层终止】：相连标准层可以只画一层，输入起始和终止楼层。

【层距】：设定层线之间的间距。

【带竖向分区】：绘制竖向分区，如主楼区和裙房区，又如住宅一至三单元分区绘制。

【绘制】：开始进入 CAD 软件进行绘制。

注：楼层线绘制也可以用来绘制供电系统图中的楼层。

3.1.2　设备布置

1. 布置交接线

单击【弱电系统】→【层间布箱】，出现如图 3-2 所示的“层间箱布置连线定义”对话框，这里不勾选“是否连线”，设备布置完成后将进行连线。

选择如图 3-3 所示的设备，应首先选择一段楼层线，然后绘制一根截线，如图 3-4 所示。穿过的楼层上会自动布置好层间箱，效果如图 3-5 所示。

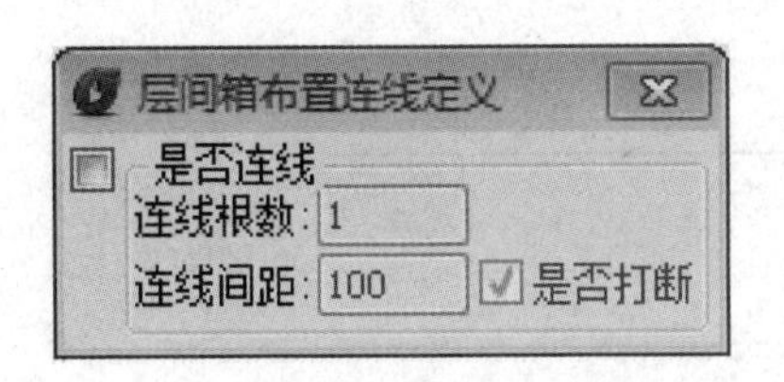

图 3-2　“层间箱布置连接定义”对话框

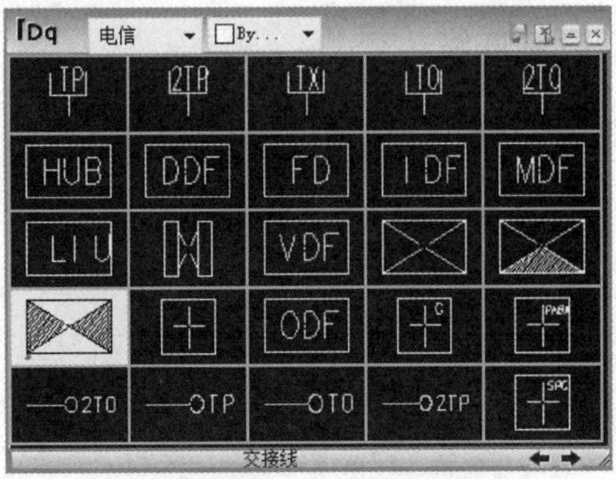

图 3-3　“设备布置”对话框

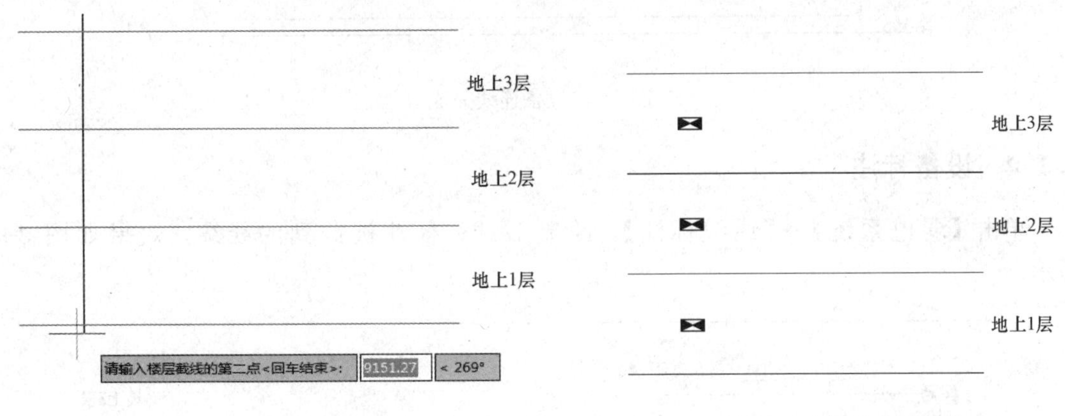

图 3-4　绘制一根截线

图 3-5　交接线布置完成

2. 布置电话插座和计算机插座

操作方法与布置交接线相同，选择电话插座和计算机插座完成布置，效果如图 3-6 所示。

3. 布置网络配线架、中间配线架及光纤配线架

操作方法与布置交接线相同，选择网络配线架、中间配线架及光纤配线架完成布置，如图 3-7 所示。

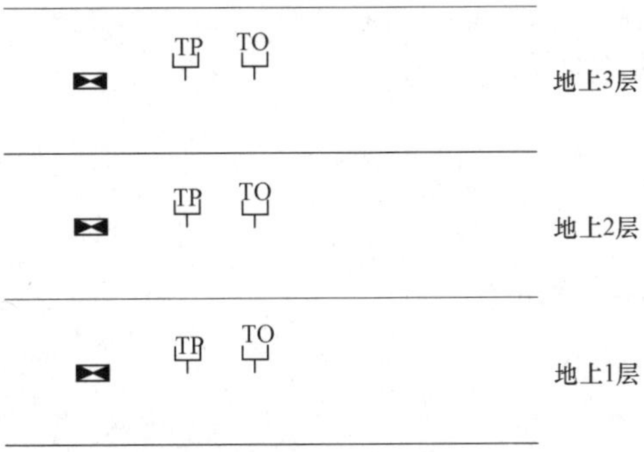

图 3-6　电话插座和计算机插座布置完成

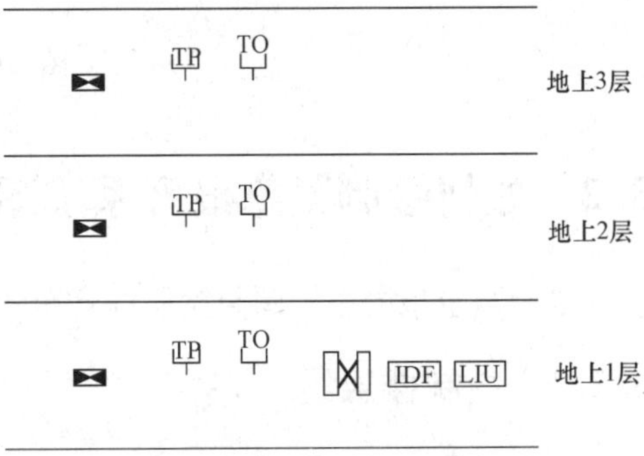

图 3-7　网络配线架、中间配线架和光纤配线架布置完成

3.1.3 设备连线

选择“直线”连接设备，效果如图 3-8 所示。

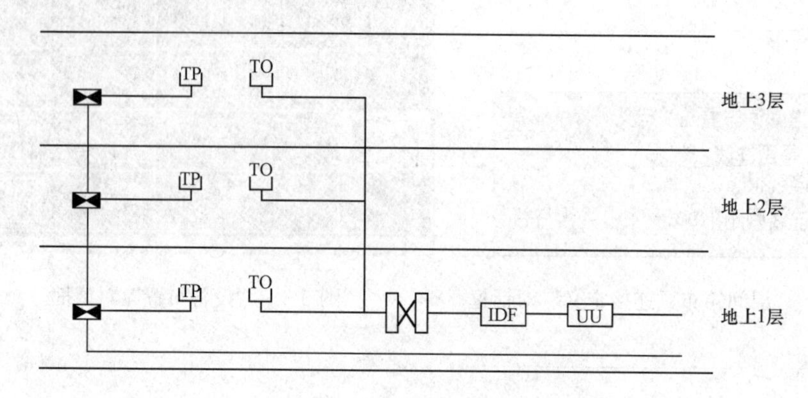

图 3-8 设备连线完成

3.1.4 设备标注

单击【弱电系统】→【线缆标注】，绘制截线，标注被截到的线缆，效果如图 3-9 所示。

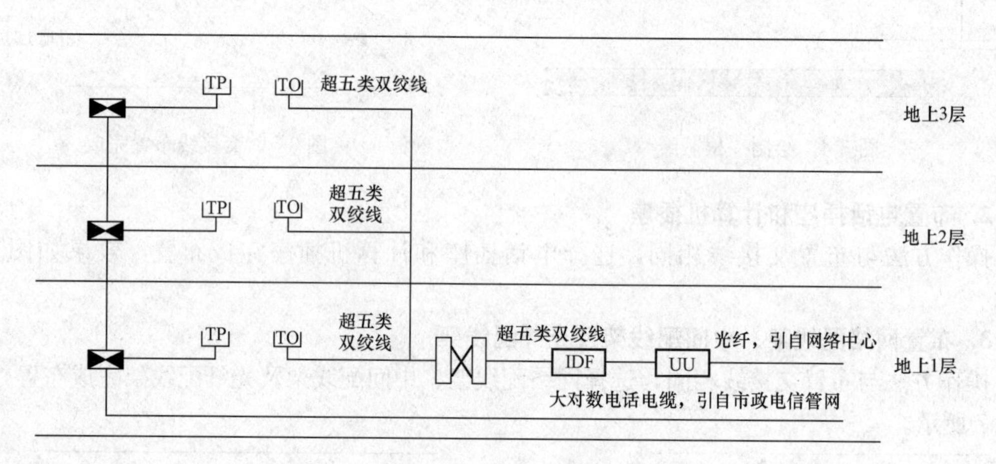

图 3-9 线缆标注完成

3.2 如何绘制紧急报警系统图

绘制紧急报警系统图与绘制综合布线系统图的步骤类似。

3.2.1 绘制楼层线

单击【弱电系统】→【楼层绘制】，出现如图 3-10 所示的“楼层绘制定义”对话框。

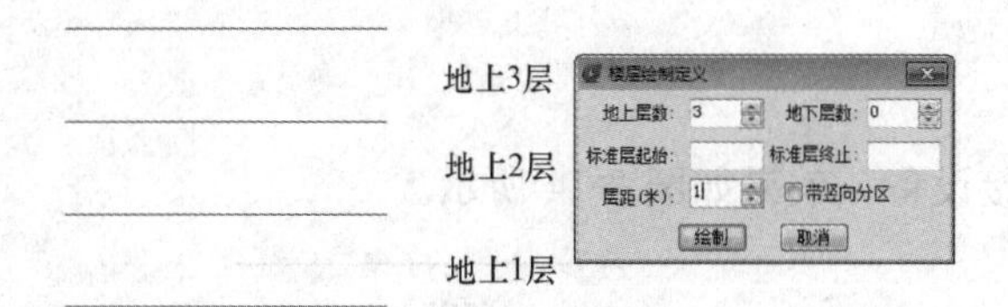

图 3-10　绘制楼层线的示例

3.2.2　设备布置

1. 布置控制器、声光报警器和紧急按钮开关

单击【弱电系统】→【层间布箱】，操作方法与绘制综合布线的相同，在“设备布置”对话框中选择控制器、声光报警器和紧急按钮开关，如图 3-11 所示。通过左右箭头切换页面，选择其他设备完成布置。

布置完成后的效果，如图 3-12 所示。

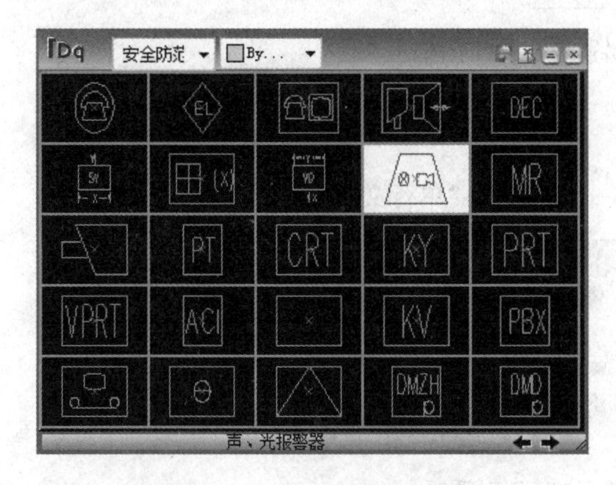

图 3-11　“设备布置”对话框

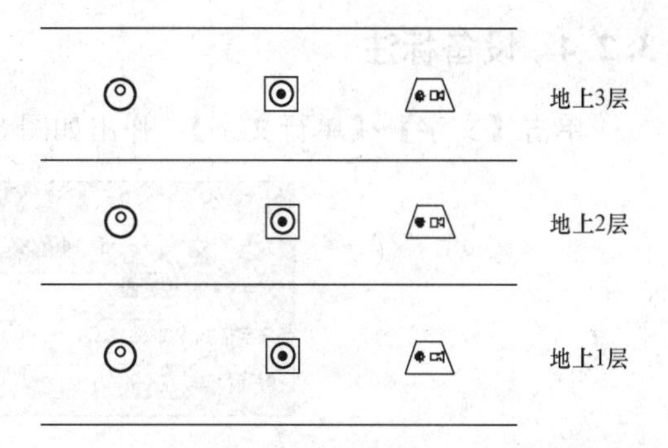

图 3-12　控制器、声光报警器和紧急按钮开关布置完成的示例

2. 布置电源箱

采用“矩形”绘制电源箱，效果如图 3-13 所示。

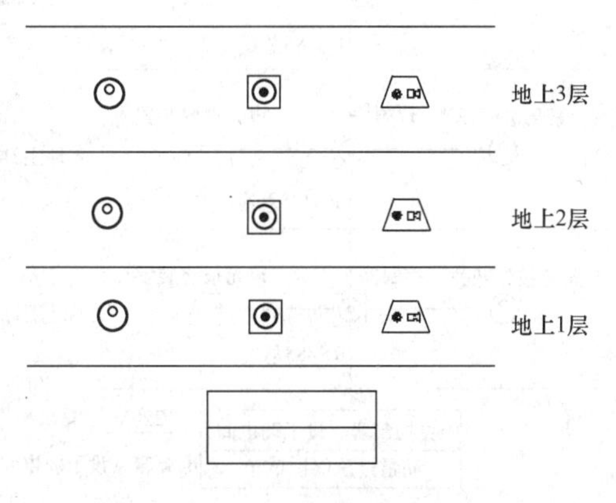

图 3-13　电源箱布置完成的示例

3.2.3 设备连线

选择“直线”连接设备，效果如图 3-14 所示。

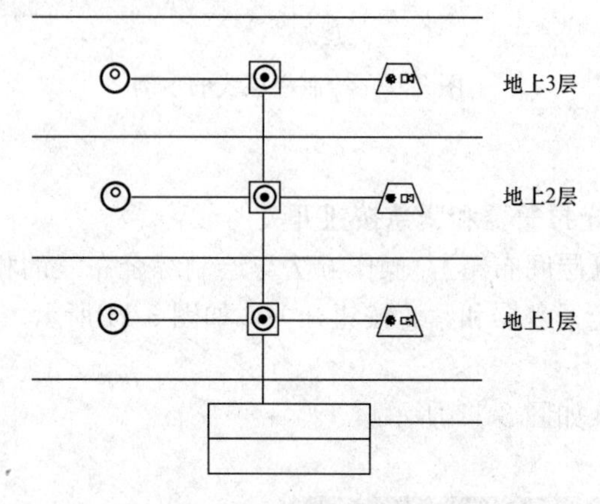

图 3-14 设备连线完成的示例

3.2.4 设备标注

单击【文字】→【单行文字】，弹出如图 3-15 所示的“单行文字”对话框。

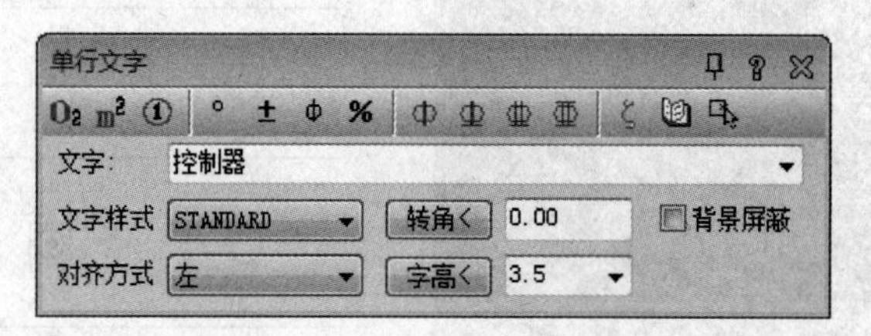

图 3-15 “单行文字”对话框

输入文字内容，单击插入点位置完成标注，效果如图 3-16 所示。

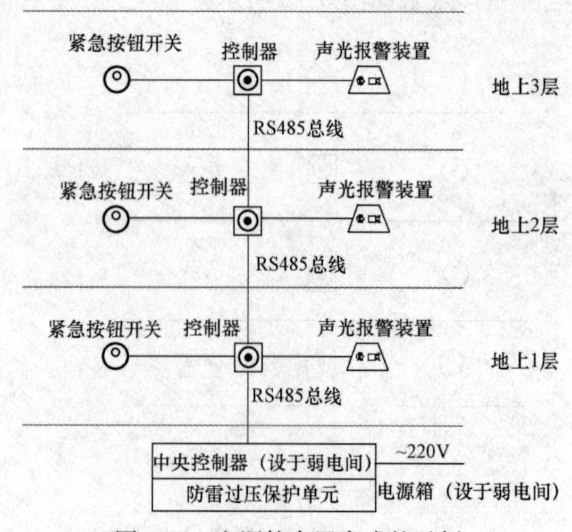

图 3-16 电源箱布置完成的示例

第 4 章　如何绘制防雷与接地电气工程图

在进行电气设计中，绘制防雷与接地电气工程图也是一项重要的工作。防雷接地分为两个概念：一是防雷，防止因雷击而造成损害；二是静电接地，防止静电产生危害。

4.1　如何绘制防雷电气工程图

4.1.1　防雷设置

单击【平面设计】→【防雷接地】→【设置】，出现如图 4-1 所示的“接地防雷设置”对话框，可以设置接地线和防雷线的宽度、颜色和绘制图例尺寸。

注：接地极半径和支撑卡子的大小为图上尺寸（单位：mm）。

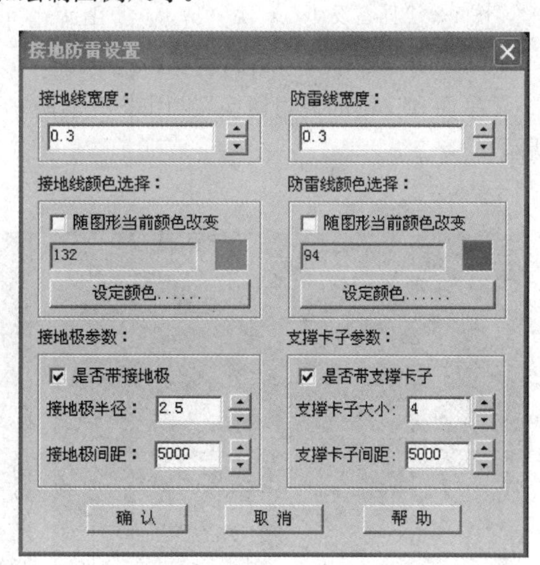

图 4-1　“接地防雷设置”对话框

4.1.2　绘制避雷针

单击【平面设计】→【滚球防雷】→【避雷针】，根据提示来绘制避雷针。

避雷针设计分为三个阶段：首先是确定建筑物的防雷等级（可在年雷击次数计算中确定防雷类别），在平面上布置避雷针位置，同时自动计算和绘制防护区域；其次，可在被保护建筑物中构造建筑物和建筑物顶部的构筑物（如电梯间、水箱等）的三维实体，应用软件的三维观察功能，检测建筑物是否被避雷针保护住；最后可以动态修改避雷针参数和位置，以调整避雷针的防护区域。单击“防雷接地”，出现如图 4-2 所示的对话框。

避雷针设计可以按以下步骤来进行。

（1）设置【避雷针属性】：这里主要是设置避雷针的基础高和针高，程序中用来计算的避雷针的高度＝基础高＋针高。

注：在接地防雷模块输入的高度值均为相对保护 0 平面的相对高度。

（2）设置【被保护物属性】：输入编号和高度值（单位：m），在这里可以添加数个高度值，软件在绘制防护区域时，可以自动绘制出在这些高度上的防护区域；还可以点【绘制】，在平面图中绘制建筑物或构筑物的轮廓，构造柱状实体，可以模拟被保护物，绘制的被保护物高度为按钮前面的高度值。

（3）单击【插入】布置避雷针，避雷针编号自动累加。

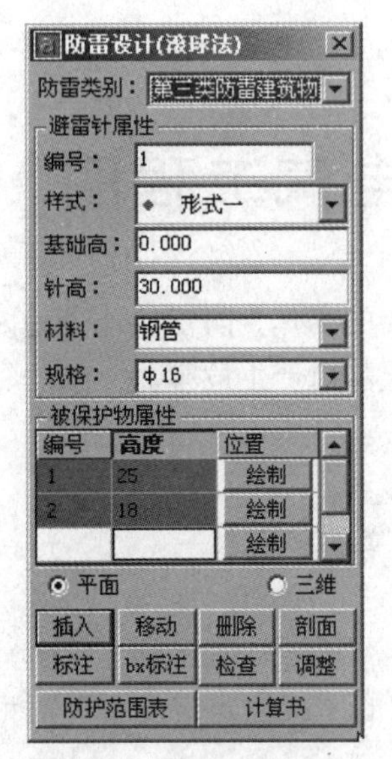

图 4-2 “防雷设计（滚球法）”对话框

（4）单击【调整】按钮，可以调整避雷针。

＊避雷针编辑＊＝DQ_EditSpin

调整避雷针参数 P/调整保护范围 D〈回车结束〉：

键入 P，可以在【避雷针属性】中输入新的避雷针参数，然后单击要修改的避雷针，完成避雷针参数修改，同时自动更新防护范围。

键入 D，平面显示出每个避雷针的独立防护区域，可以拖拽调整，该避雷针的高度变化在避雷针属性中实时显示，确认完成修改，同时自动更新防护区域。

注：针高不小于最高的被保护物高度，不大于防雷等级规定的滚球半径。

（5）生成标注。

（6）生成保护物剖面。

（7）生成所需要的 Word 格式的计算书和防护范围表。

（8）应用强电平面的统计功能可以统计出接地防雷的设备材料。

“平面和三维的视角切换”：用来观察防护区域和防护效果，非常直观，效果如图 4-3 所示。

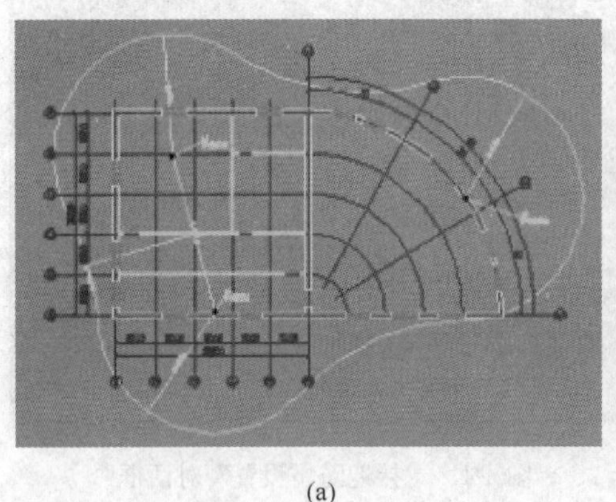

(a)

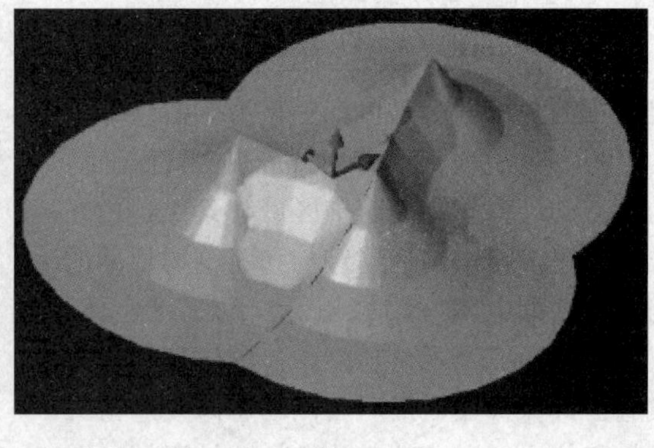

(b)

图 4-3 避雷针的设计效果

(a) 平面图；(b) 三维图

勾选对话框下部的【三维】按钮，生成三维图形，单击方向按钮，可以从不同角度观察。如果看不见红色的被保护物，则说明避雷针满足要求。单击【平面】按钮，可以显示平面图设计。

注：(1) 如果显示的三维图形中有红色的区域出现，则说明避雷针没有完全保护住建筑物，需要切换到平面图状态，调整避雷针的参数或位置使得被保护建筑物完全处于避雷针的保护范围之内。如果调整后仍旧不能使建筑物处于避雷针的防护范围之内，则可能需要添加新的避雷针。

(2) 本功能仅支持在 AutoCAD 平台下使用。

4.1.3　绘制防雷线

单击【平面设计】→【防雷接地】→【防雷线】，绘制防雷线。依次选择起点、第一点、第二点、第三点、第四点及起点，单击【空格】，即可生成防雷线，效果如图 4-4 所示。

接下来绘制内部防雷线。单击【防雷线】，选择第一点和第二点，单击空格生成一条防雷线；同样的操作生成另外一条防雷线，效果如图 4-5 所示。

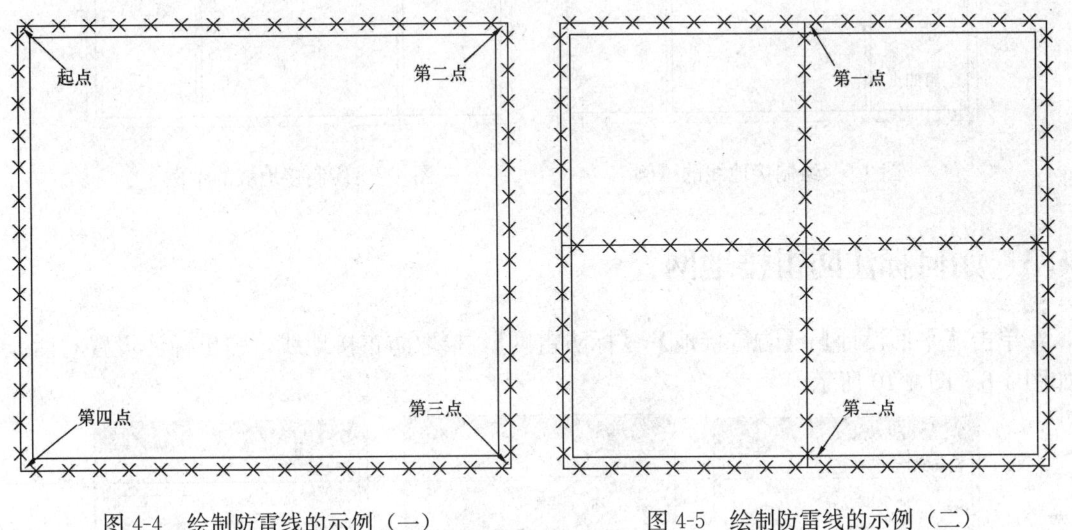

图 4-4　绘制防雷线的示例（一）　　图 4-5　绘制防雷线的示例（二）

4.1.4　删防雷网

单击【平面设计】→【防雷接地】→【删防雷网】，屏幕提示：

请选择需删除的防雷线……

注：防雷网也可以用 CAD 软件的“Erase”命令删除，但此操作不会误删其他实体。

4.2　如何绘制接地电气工程图

4.2.1　接地设置

单击【平面设计】→【防雷接地】→【设置】，操作同防雷设置。

4.2.2　绘制接地线

单击【平面设计】→【防雷接地】→【绘接地网】，绘制接地线，依次选择起点、第一点、第二点、第三点、第四点及起点，单击【空格】，即可生成接地线，效果如图 4-6 所示。

接下来绘制内部接地线，单击【接地线】，选择第一点和第二点，然后点击空格生成一条接地线，效果如图 4-7 所示。

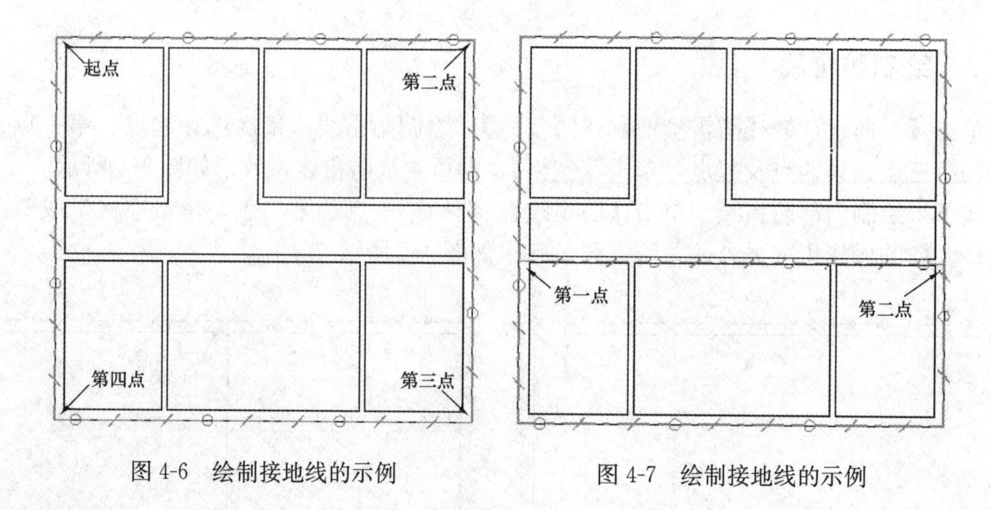

图 4-6　绘制接地线的示例　　　　图 4-7　绘制接地线的示例

4.3　如何标注防雷接地网

单击【平面设计】→【防雷接地】→【标防雷网】，拾取防雷接地线，弹出标注设置对话框，如图 4-8～图 4-10 所示。

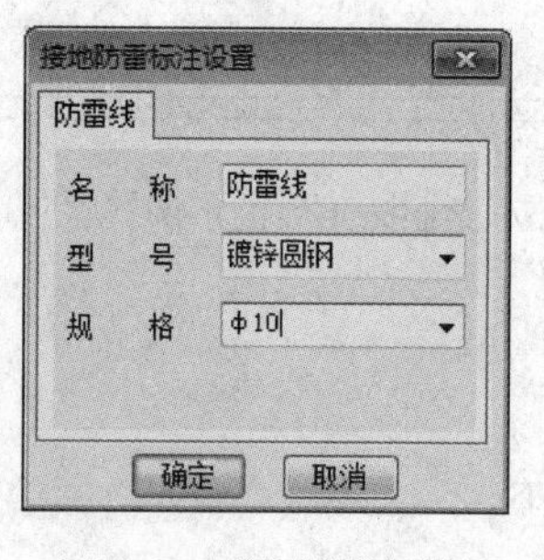

图 4-8　“防雷线标注”对话框

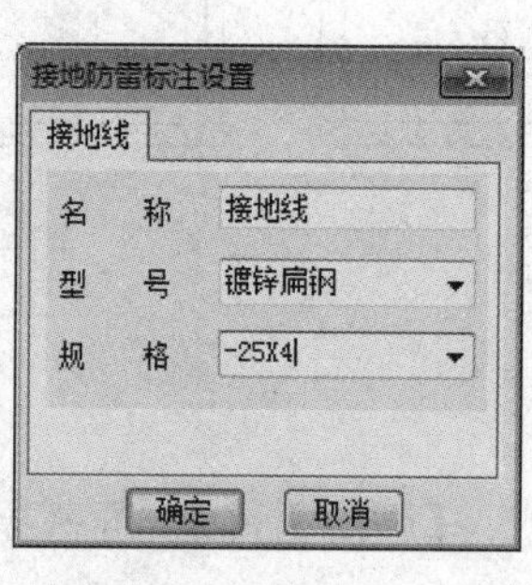

图 4-9　“接地线标注”对话框

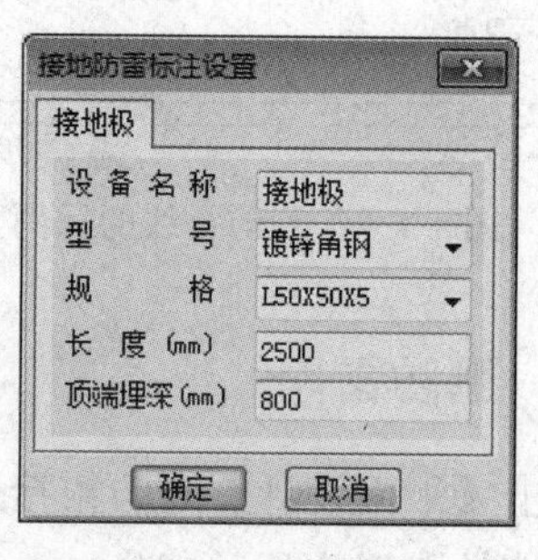

图 4-10　“接地极标注”对话框

标注完成后的效果，如图 4-11 和图 4-12 所示。

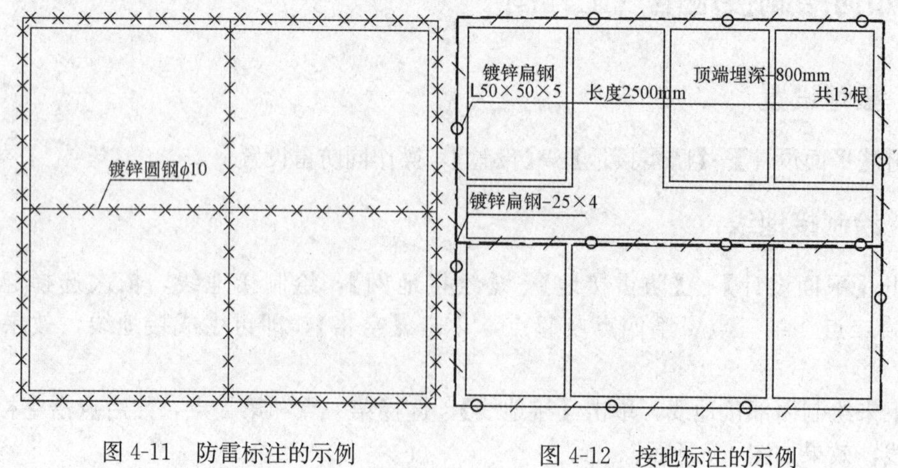

图 4-11　防雷标注的示例　　　　图 4-12　接地标注的示例

第 5 章　如何绘制变配电室电气工程图

建筑工程中的变配电室是指专门容纳电气装置的建筑物。从建筑物来看，配电室是容纳电源设备等动力源、装备有控制装置等生产核心设备的场所。从这个意义上说，配电室是重要的建筑物。

本章主要讲述变配电室的设计。在建筑供电设计里，工程供电是最核心的问题，而变配电室的设计和变配电站的设计是建筑供电中最具有电气专业特色的部分，也是电气工程师所要掌握的最重要内容。

应用绘图软件绘制变配电室电气工程图的基本步骤如下：

(1) 绘制或调用变配电室建筑平面图。

(2) 在平面图中布置配电柜、变压器、桥架、电缆沟和线槽等。

(3) 绘制配电室剖面图。

5.1　获得变配电室建筑平面图

获得变配电室建筑平面图通常有以下两种方法：

(1) 绘制配电室建筑平面图，这里就不介绍了。

(2) 调用已绘制好的配电室建筑平面图。打开图纸如图 5-1 所示。

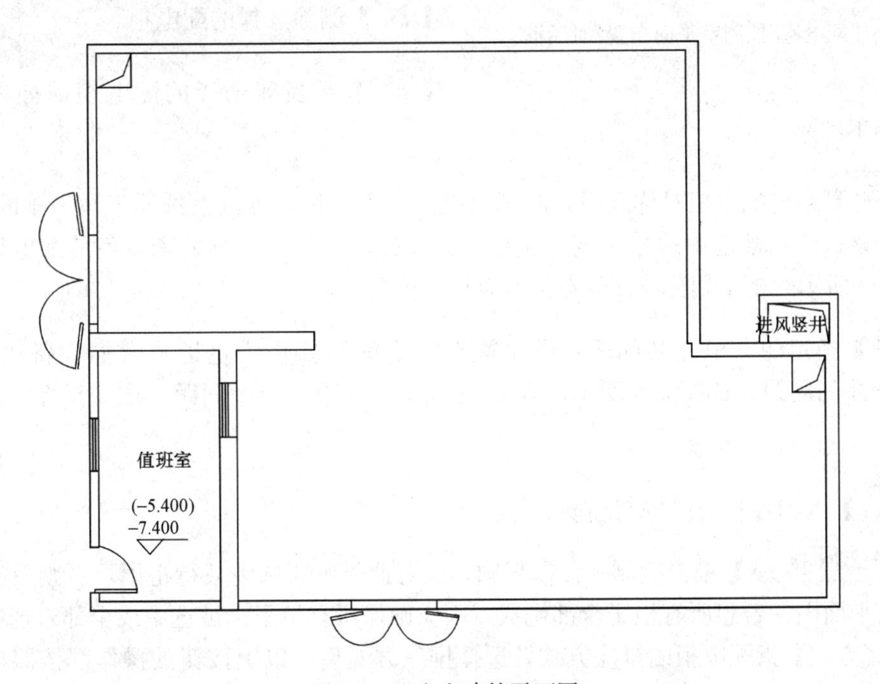

图 5-1　配电室建筑平面图

5.2 在变配电室建筑平面图中绘制设备

5.2.1 绘制变配电室配电柜

1. 插电气柜

单击【平面设计】→【变配电室】→【电气柜】→【插电气柜】，弹出 5-2 所示“配电室/控制室平面布置”对话框。

配电室/控制室平面布置

工程名: 低压

柜编号	型号	柜宽	柜厚	柜高	荷重	上冲力
1	GGD	800.00	100...	220...	250...	0.00
2	GGD	800.00	100...	220...	250...	0.00
3	GGD	800.00	100...	220...	250...	0.00
4	GGD	800.00	100...	220...	250...	0.00
5	GGD	800.00	100...	220...	250...	0.00
6	GGD	800.00	100...	220...	250...	0.00
7	GGD	800.00	100...	220...	250...	0.00
8	GGD	100...	100...	220...	250...	0.00
9	GGD	800.00	100...	220...	250...	0.00
10	GGD	800.00	100...	220...	250...	0.00
11	GGD	800.00	100...	220...	250...	0.00
12	GGD	800.00	100...	220...	250...	0.00
13	GGD	800.00	100...	220...	250...	0.00
14	GGD	800.00	100...	220...	250...	0.00
15	GGD	800.00	100...	220...	250...	0.00
16	GGD	100...	100...	220...	250...	0.00

排序方式: 1234 顺序

对称间距: 2100 并列间距: 1000

绘制设置

字高: 300 标高: 0 X偏: 0 Y偏: 0 绘平面

图 5-2 “配电室/控制室平面布置”对话框

可以在配电柜列表进行参数编辑，也可以使用图中下方的功能按钮进行编辑。

【  】上移配电柜，选中配电柜所在行，单击按钮，所在行自动上移。

【  】下移配电柜，选中配电柜所在行，单击按钮，所在行自动下移。

【 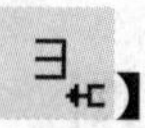 】添加一个配电柜，如果配电柜列表为空，首先单击此按钮，添加配电柜。第一个配电柜的参数设置后，以后自动添加的配电柜均按照首个配电柜设置。

【 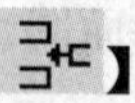 】从当前选中行前插入一个配电柜。

【 】删除选择的配电柜。

【  】在当前选择的配电柜前插入一个备用，备用不编号。

【 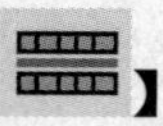 】指定配电柜对称选择：两列及以上的配电柜，可以框选属于同一排的配电柜，然后单击该按钮，被选中的柜子变为黄色，这些配电柜属于一列，未变色的配电柜为另一列。图 5-3 所示为柜子划分，图 5-4 所示为平面布置。

【  】指定配电柜并列间距：两个配电柜之间需要作为过道或者插入备用等情况，可以设置并列间距。如图 5-5 所示，在 8、9 号柜子间留出 2m 间距，图 5-6 所示为平面布置。

【  】取消各自对应按钮功能。

【绘制平面】单击绘制平面布置图，注意此时不要选中某行柜子，否则只能布置该行柜子的平面图。若想所有柜子全部生成，则应确保所有柜子全被选中或全部未选中。

【排序方式】指配电柜的排序方式，选择排序方式后，以上按钮的操作都按照该排序方式处理。

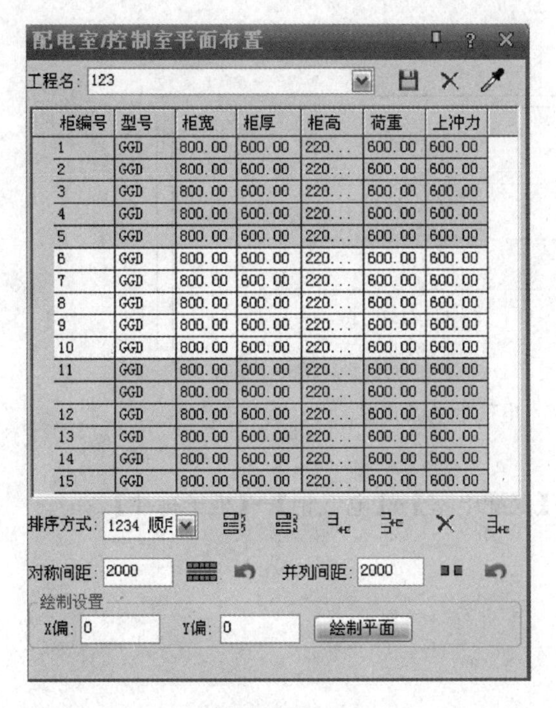

图 5-3　“配电室/控制室平面布置”对话框

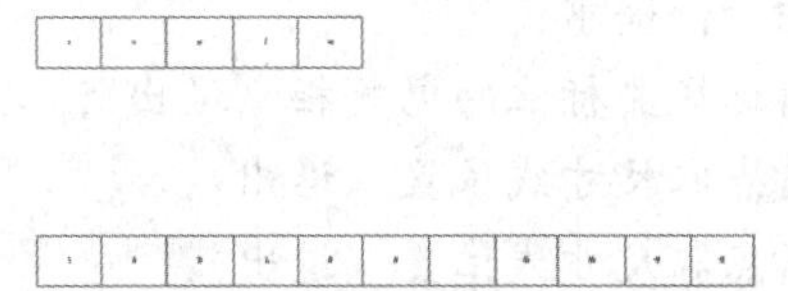

图 5-4　平面布置

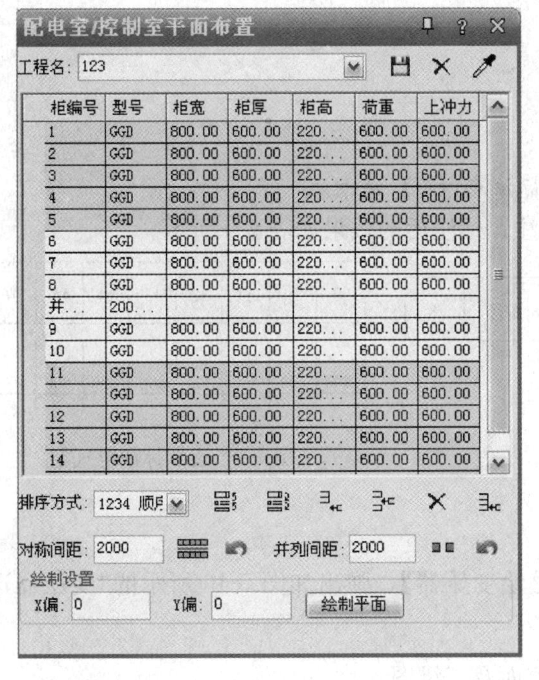

图 5-5　“配电室/控制室平面布置”对话框

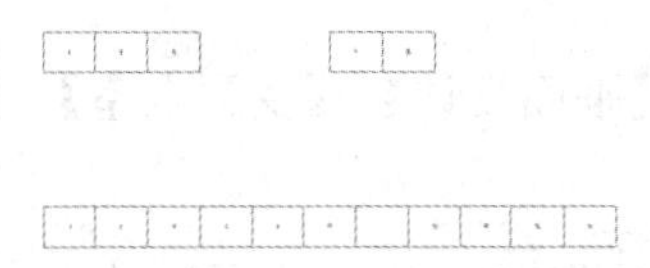

图 5-6　平面布置

【绘制设置】“X 偏移”、“Y 偏移”，一般布置以某一处为基点，比如墙角，可以认为 X\Y为举例墙角的 X 方向与 Y 方向距离。

按照图 5-2 对话框所示设置参数，单击“绘制平面”按钮，捕捉端点生成配电柜，如图

5-7 所示。

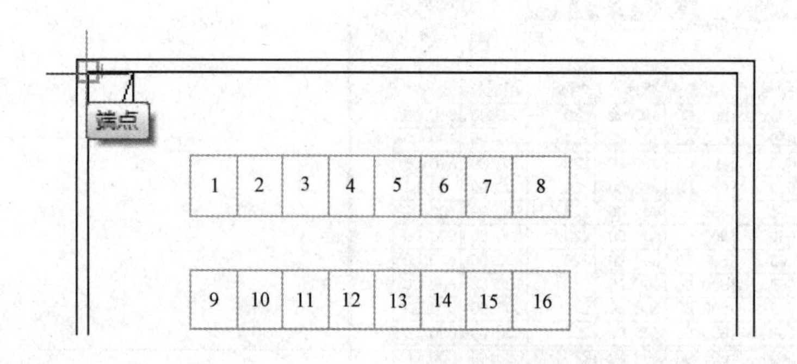

图 5-7 电气柜平面布置

2. 标注电气柜

(1) 标注柜子。单击【平面设计】→【变配电室】→【电气柜】→【柜子标注】。

命令行提示:

请选择要标注的电气柜〈退出〉:

请点取尺寸线位置〈退出〉:

请点取尺寸线位置〈退出〉:

标注后的效果如图 5-8 所示。

(2) 逐点标注。单击【平面设计】→【变配电室】→【电气柜】→【逐点标注】。

命令行提示:

起点或【参考点(R)】〈退出〉:

第二点〈退出〉:

请点取尺寸线位置〈退出〉:

请输入其他标注点或【撤消上一标注点(U)】〈结束〉:

依次单击“定位点”,即可进行标注,标注后的效果如图 5-9 所示。

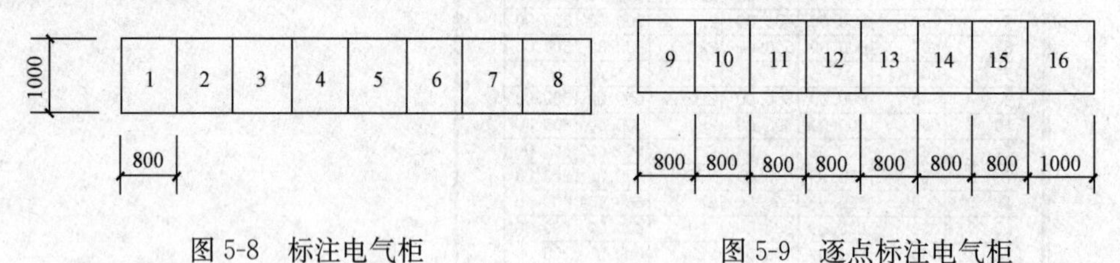

图 5-8 标注电气柜　　图 5-9 逐点标注电气柜

5.2.2 绘制变配电室变压器

单击【平面设计】→【变配电室】→【绘变压器】,弹出如图 5-10 所示的“变压器选型管理”对话框。

【绘制】绘制自定义的平、断、侧面及三维图。

【扩充】已有图块扩充,选择图中已有的块,指定绘制基点,即可入库。

【 】添加变压器型号。

【 】删除当前选中的变压器。

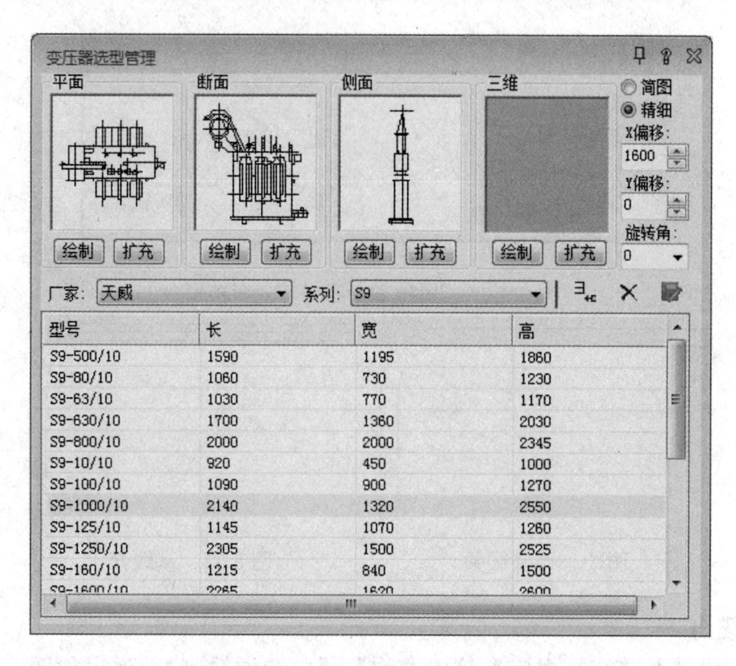

图 5-10　“变压器选型管理”对话框

【 】编辑当前选中的变压器。

按照图 5-10 对话框所示设置参数，单击平面的【绘制】按钮生成变压器，如图 5-11 所示。

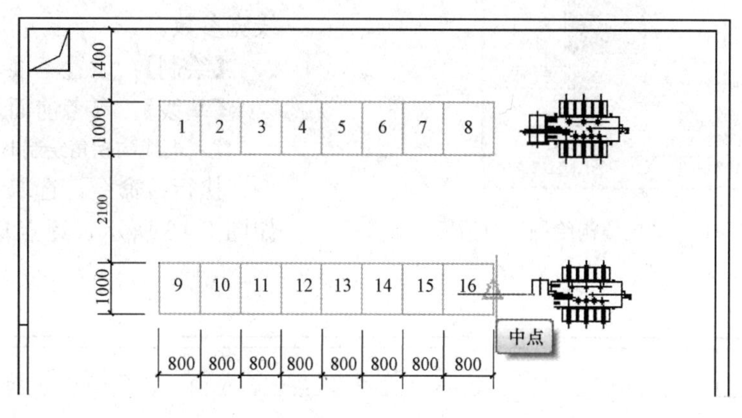

图 5-11　变压器示例

5.2.3　绘制电缆沟

电缆沟绘制之前需要对基线进行设置，以便更好地绘制电缆沟。

1. 基线设置

基线概念：电缆沟绘制时，实体的中心线。

单击【平面设计】→【变配电室】→【电缆沟】→【基线设置】，弹出如图 5-12 所示的“电缆沟基线设置”对话框。

该功能可以设置基线颜色和线型。图 5-13 为“基线关”，图 5-14 为“基线开”的情况。

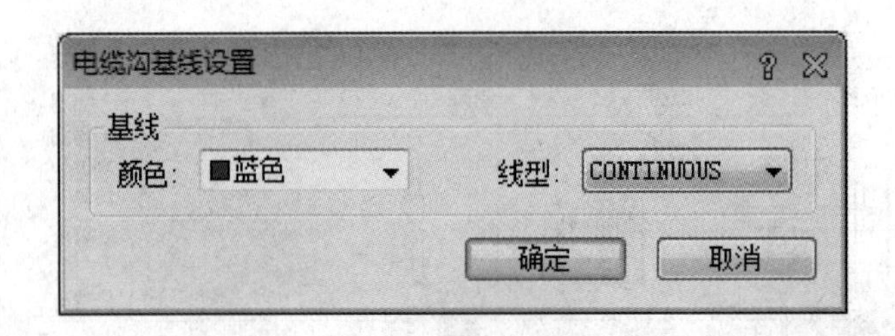

图 5-12 “电缆沟基线设置”对话框

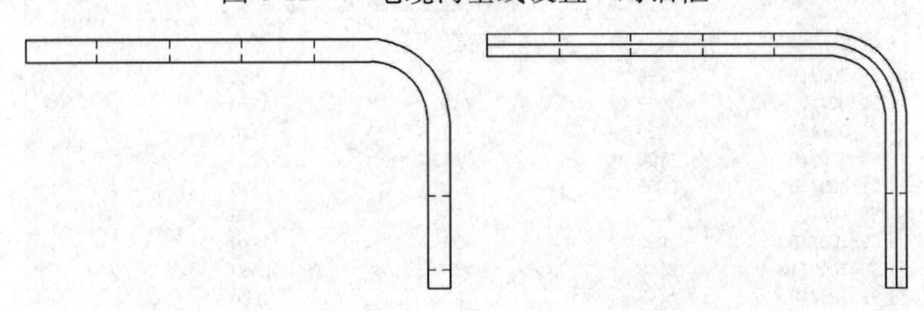

图 5-13 基线关　　图 5-14 基线开

2. 绘制电缆沟

单击【平面设计】→【变配电室】→【电缆沟】→【电缆沟绘制】，弹出如图 5-15 所示的“电缆沟绘制”对话框。

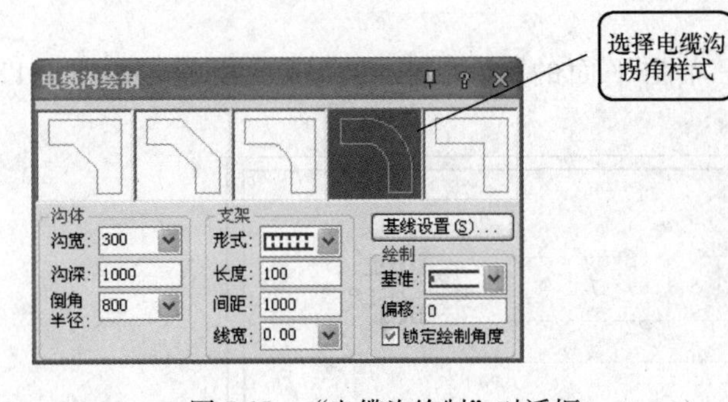

图 5-15 “电缆沟绘制”对话框

【沟体】：设置沟宽、沟深、倒角半径参数。

【支架】：设置形式、长度、间距、线宽参数。

【绘制】：设置基准、偏移参数。

【基线】：参考前面基线设置。

注：电缆沟拐角绘制时自动生成。

执行该命令，选取起点开始绘制，如图 5-16 所示，逐点选取完成绘制，如图 5-17 所示。

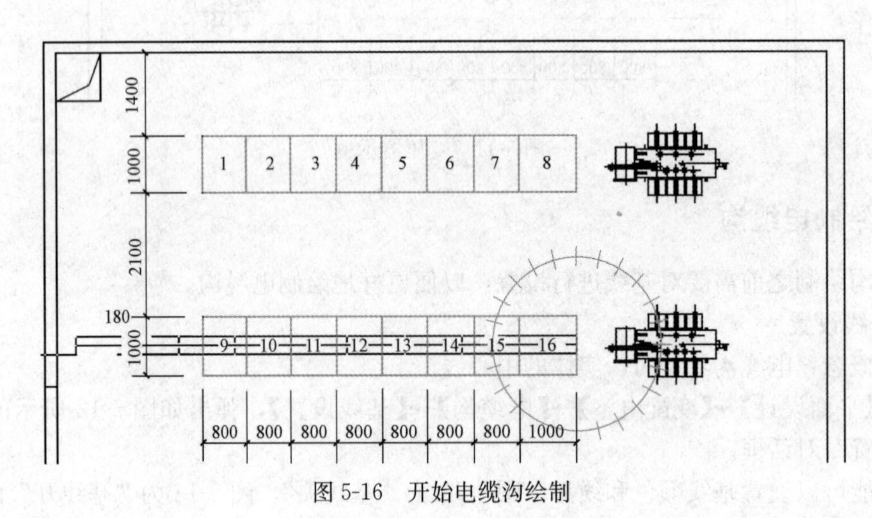

图 5-16 开始电缆沟绘制

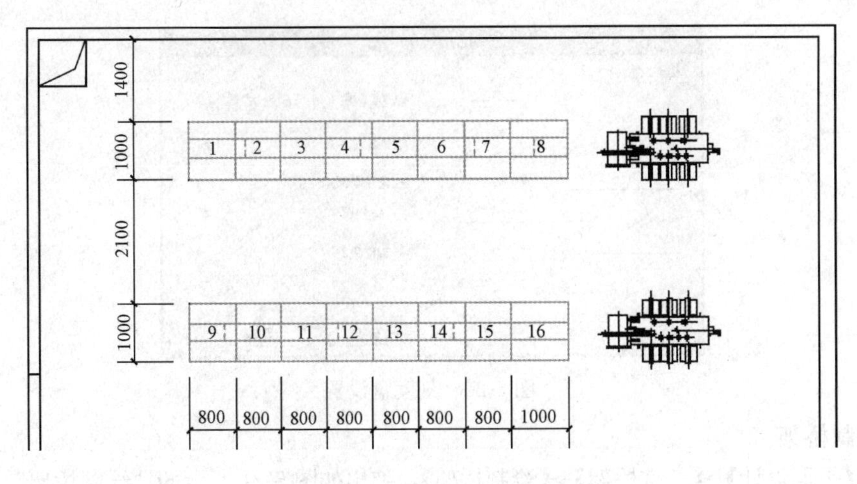

图 5-17　完成电缆沟绘制

5. 2. 4　绘制三维桥架

1. 桥架设置

单击【平面设计】→【三维桥架】→【桥架设置】，出现如图 5-18 所示的“桥架设置”对话框。

【属性】：绘制直通桥架时是否显示分段以及分段尺寸。

【遮挡】：当不同标高的桥架在图面上有交叠时，会出现上层遮挡下层桥架的情况。此时可以设置是否属于遮挡或者是否显示遮挡线，以及遮挡线颜色、线型及延伸长度。例如，设定遮挡延伸 200mm，如图 5-19 所示。

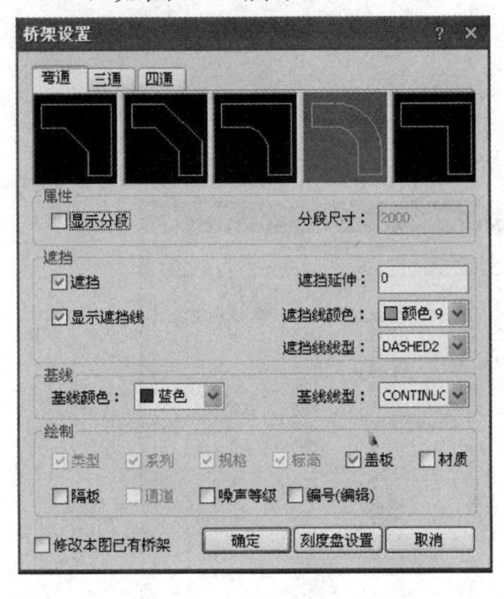

图 5-18　“桥架设置”对话框

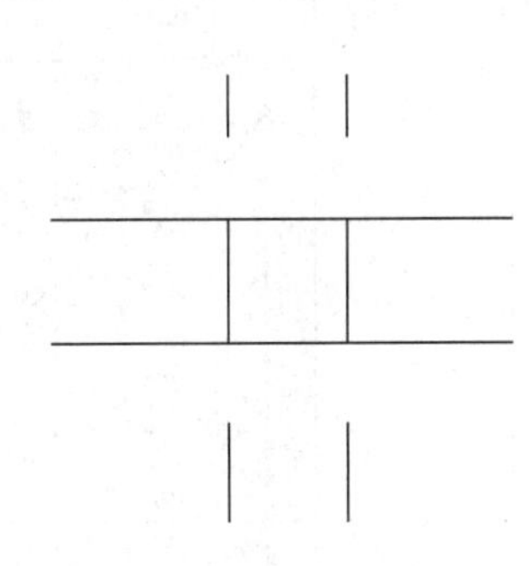

图 5-19　遮挡效果

【基线】：设定基线颜色及线型。

【绘制】：绘制桥架时可以勾选的桥架选项。

【刻度盘设置】：可以设置刻度盘颜色和直径，如图 5-20 所示。

注：以上所有设置都可以修改本图已有桥架。

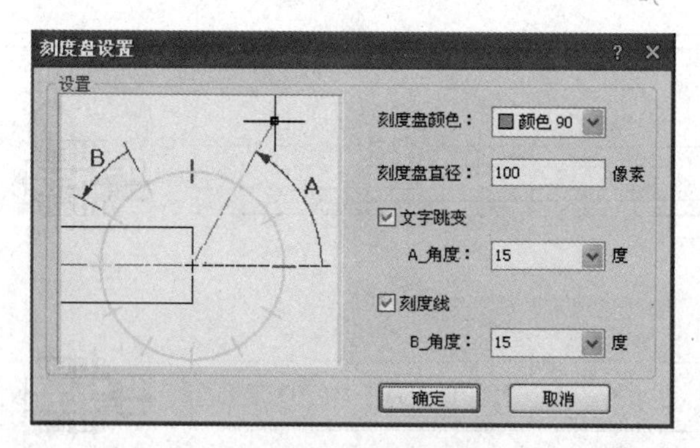

图 5-20 刻度盘设置

2. 绘制桥架

单击【平面设计】→【三维桥架】→【绘制桥架】，弹出如图 5-21 所示的“绘制桥架”对话框。

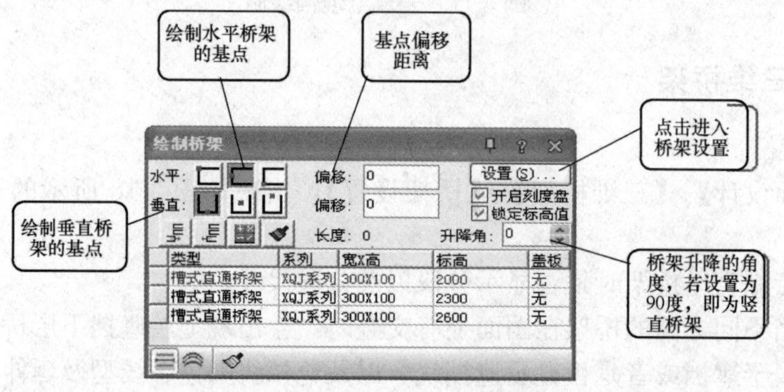

图 5-21 “绘制桥架”对话框

【】：添加一行桥架数据。

【】：删除一行桥架数据。

【】：桥架规格计算，单击进入如图 5-22 所示的界面。

桥架计算

电缆截面积	电力电缆直径											
	3		3+1		3+2		4		4+1		5	
截面积	直径	根数	直径	根数	直径	根数	直径	根数	直径	根数	直径	根数
2.5	12.2	3	12.6		13.2		12.8		13.4		13.5	
4	12.8		13.4		14.3		13.7		14.5		14.8	
6	13.6	5	14.6		15.6		14.9		15.9		16.1	
10	16.2		17.3		18.4		18		18.9		19.6	
16	18.6		20		21.4		20.6		21.9		22.4	
25	22.2	6	23.8		25.4		24.8		26.2		27.2	
35	24.1		25.8		27.5		27.6		28.8		30.5	
50	27.7		29.9		32.1		31.6		33.4		35	
70	32.1		34.6		37.1		36.8		38.8		40.8	
95	36.4		39.3		42.2		41.8		44.1		46.4	
120	40.5		44.2		47.7		46.5		49.5		51.7	
150	44.6		48		51.4		51.6		54.1		57.4	
185	50		53.8		57.7		57.6		60.5		64.1	
240	56.1		60.5		64.9		64.9		68.2		72.3	
300	60		66.9		74		71.8		75.1		80	

总的电缆面积: 3399.49 桥架截面填充率: 40 % 计算桥架截面积: 8498.73

电缆横排所需总宽度(注:电缆是相邻紧贴排列): 237.8

☑指定类型 槽式直通桥架 LT系列 规格: 槽式直通桥架:LT系列: 300X60

计算 退出

图 5-22 “桥架计算”对话框

已知电力电缆各个截面的电缆直径，可以指定桥架类型，输入电缆根数，给定桥架截面的填充率，单击【计算】，软件自动计算出总的电缆面积、桥架截面积、电缆横排所需总宽度、桥架规格。

【 】：选择图面上绘制的一段桥架，参数框中显示桥架参数，如图 5-23 所示。

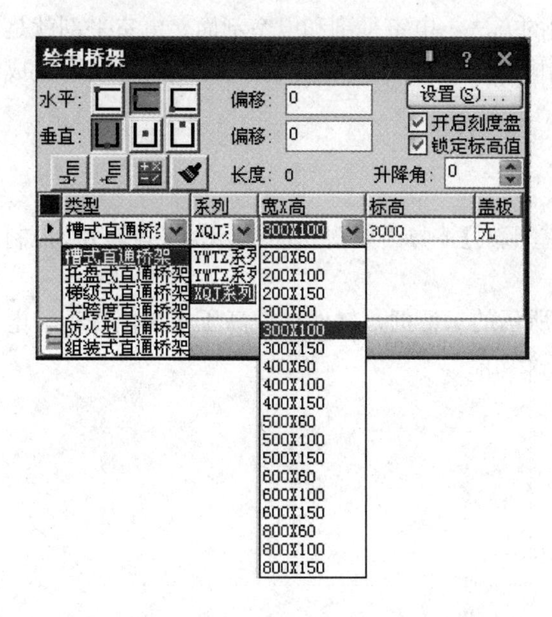

图 5-23　“绘制桥架”对话框

【 】：绘制直线桥架。

【 】：绘制圆弧桥架。

命令行提示：

输入起点：

请点取弧形桥架终点【回车（U)】〈取消〉：

请点取弧形桥架上任意一点或【半径(R)】：

输入“R”可以指定弧形桥架半径，绘制后如图 5-24 所示。

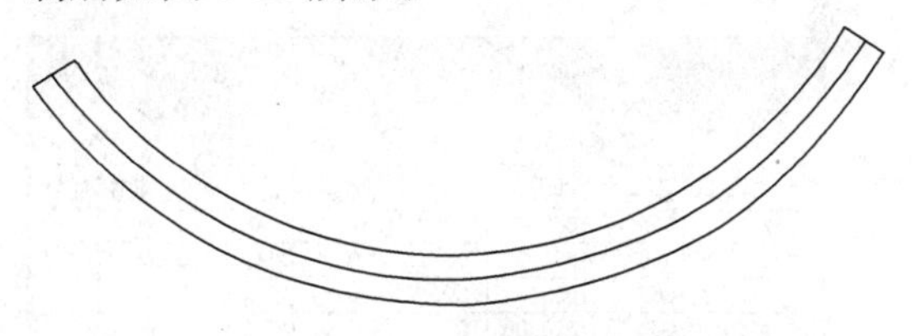

图 5-24　绘制圆弧桥架

【 】：选择一段直线、弧线、多段线路径自动生成桥架，单击灰色弧线，自动生成红色桥架。

绘制桥架的方法与电缆沟相同，选取起点开始绘制，逐点选取完成绘制，软件自动生成弯头和三通，如图 5-25 所示。

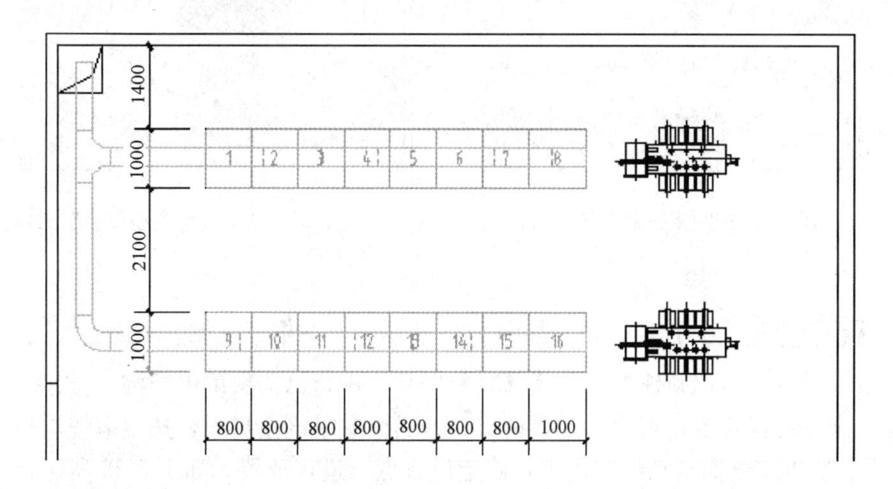

图 5-25　绘制桥架

注：桥架参数框中可以选择类型、系列、宽高、标高，也可以手动输入，软件提供了强大的桥架及构件数据库。

5.3 绘制电室剖面图

浩辰电气软件提供了两种绘制电室剖面图的方法：电室平剖和电室剖面。电室平剖就是通过参数设置来生成平面图和剖面图；电室剖面就是通过绘制剖切线和指定剖切方向来生成剖面图。下面逐一介绍。

5.3.1 电室平剖

单击【平面设计】→【变配电室】→【电室平剖】，弹出如图5-26所示的“配电室/控制室平面布置”对话框。

单击【电缆沟类型设置】，得到如图5-27所示的对话框，软件提供高压柜、低压柜、电容柜和电缆夹层几种类型的电缆沟方案及自定义功能。

配电室/控制室平面布置

工程名：低压

柜编号	型号	柜宽	柜厚	柜高	荷重	上冲力
1	GGD	800.00	100...	220...	250...	0.00
2	GGD	800.00	100...	220...	250...	0.00
3	GGD	800.00	100...	220...	250...	0.00
4	GGD	800.00	100...	220...	250...	0.00
5	GGD	800.00	100...	220...	250...	0.00
6	GGD	800.00	100...	220...	250...	0.00
7	GGD	800.00	100...	220...	250...	0.00
8	GGD	100...	100...	220...	250...	0.00
9	GGD	800.00	100...	220...	250...	0.00
10	GGD	800.00	100...	220...	250...	0.00
11	GGD	800.00	100...	220...	250...	0.00
12	GGD	800.00	100...	220...	250...	0.00
13	GGD	800.00	100...	220...	250...	0.00
14	GGD	800.00	100...	220...	250...	0.00
15	GGD	800.00	100...	220...	250...	0.00
16	GGD	100...	100...	220...	250...	0.00

排序方式：1234 顺序

对称间距：2100 并列间距：1000

绘制设置

字高：300 标高：0 X偏：2600 Y偏：-1400 绘平面 绘立面

电缆沟类型设置

图5-26 “配电室/控制室平面布置”对话框

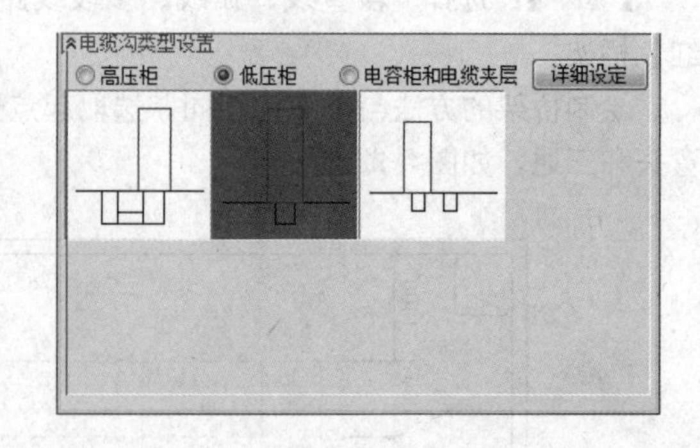

图5-27 “电缆沟类型设置”对话框

单击【详细设定】按钮，得到如图5-28所示的对话框。左侧上下为立面图及平面图。右侧为参数设置区，可以新建方案并【 】保存，做自己需要的电缆沟。

方案设定好并保存后，可以关闭该窗口，返回电室平剖主界面，选中电缆沟类型，单击【绘制立面】电室剖面自动绘制出来，确定位置点，进行放置，如图5-29所示。

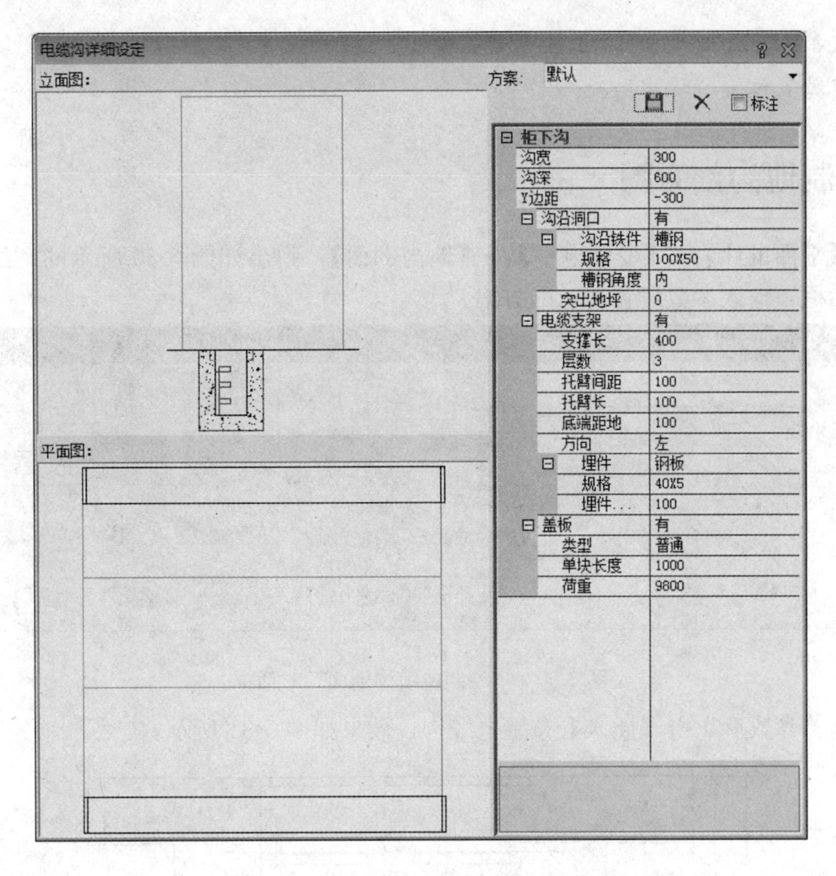

图 5-28　“电缆沟详细设定”对话框

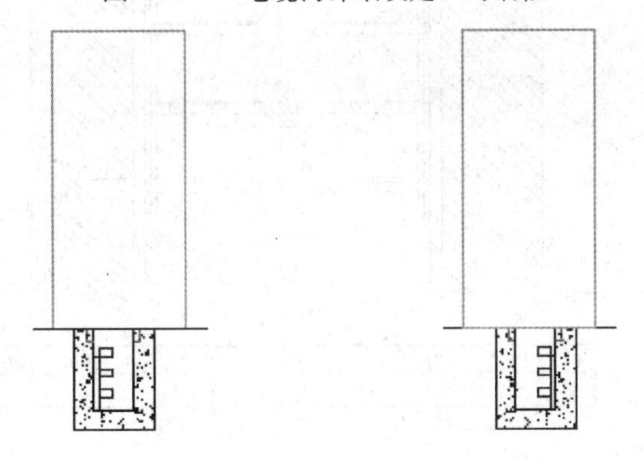

图 5-29　电室剖面

5.3.2　电室剖面

单击【平面设计】→【变配电室】→【电室剖面】。

命令行提示：

请输入剖切号〈1〉：

请输入第一个剖切点〈退出〉：

请输入第二个剖切点〈退出〉：

请输入剖切方向〈当前〉：正在重生成模型
请点取放置位置〈退出〉：

5.4 绘制地沟剖面图

单击【平面设计】→【变配电室】→【地沟剖面】，弹出如图5-30所示的“绘制电缆沟剖面”对话框，输入参数设置自己的方案。

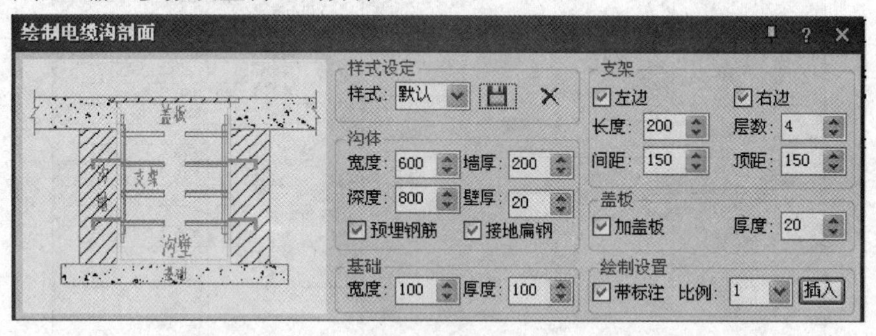

图5-30 “绘制电缆沟剖面”对话框

设置相关参数后点击【插入】布置电缆沟，效果如图5-31所示。

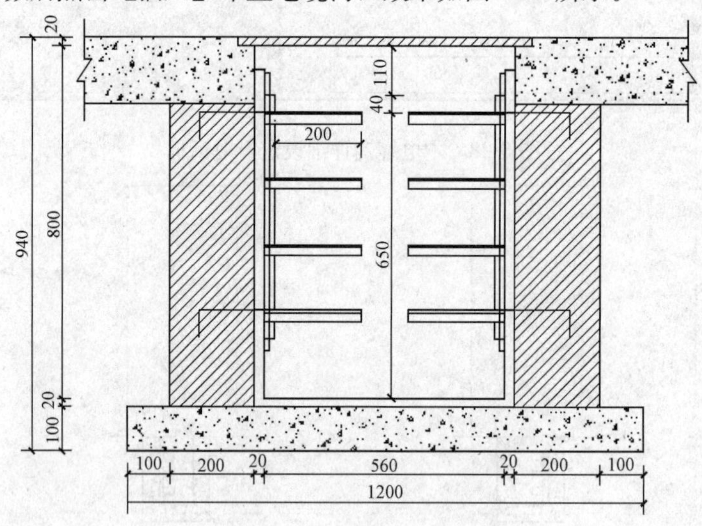

图5-31 电缆沟剖面图

第 6 章　如何绘制建筑设备电气控制原理图

建筑设备电气一般包括各种起重设备、建筑电梯以及消防联动等电气系统，主要是以各类电动机或其他执行电器作为控制对象，因此设计人员经常需要绘制相应的电气控制系统图（即电气原理图）。电气原理图中包括所有电气元件的导电部件和接线端子，有的线路简单，有的很复杂。

本章以浩辰电气软件为例，介绍建筑设备电气控制原理图的绘制方法。下面以电动机正反转控制原理图为例，详细介绍绘制建筑设备电气控制原理图的操作步骤和绘图技巧。

应用绘图软件绘制控制原理图的基本步骤如下：

（1）绘制一次主回路。

（2）绘制控制原理图。

（3）标注原理图。

6.1　如何绘制电动机正反转控制原理图

6.1.1　绘制一次主回路图

单击【控制原理图】→【一次主回路】，弹出如图 6-1 所示的“主回路”对话框。

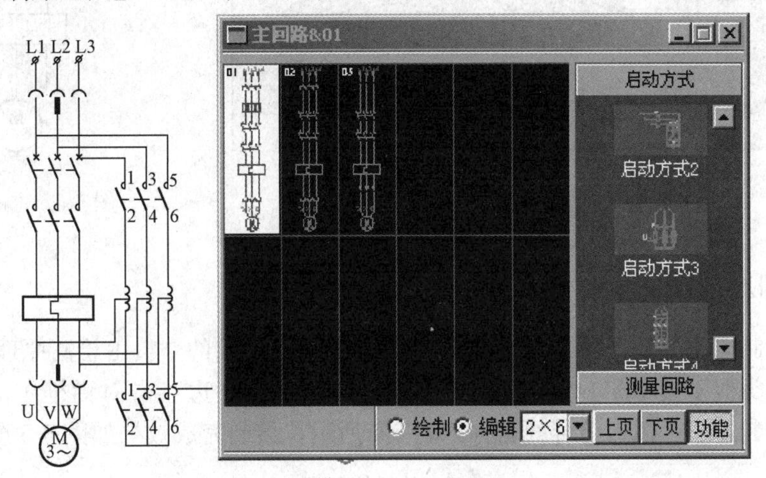

图 6-1　“主回路”对话框

软件中提供了一些主回路方案和启动方式，在下面的按钮选项中，勾选【绘制】，点取主回路方案，并在屏幕上点取绘制点，可以绘制出选择的主回路，然后可以在对话框右侧选择一个启动方式，软件自动在刚绘制的一次主接线中增加该部分内容。其中【功能】按钮，可以显示或关闭启动方式等选项。

如果现有方案不能满足需要，可以修改或增加方案到主回路方案库中，方法如下。

在对话框中勾选【编辑】选项，单击空表主回路方案，弹出主回路编辑对话框，按照如图 6-2 所示的对话框增加新的主回路方案。具体方法是选择右侧的符号，然后点击左侧任意位置插入元件，全部元件插入完成后单击【确定】，即可组合成为新的一次主回路方案，以方便下次调用。

还可以在上面主对话框中，右键已有方案，弹出菜单，然后用复制和粘贴，添加一次方案单元，再采用上述方法修改，形成新的一次主回路方案。

拾取一点作为主回路的插入点，点击刚才增加的方案即可生成一次主回路方案，如图 6-3 所示。

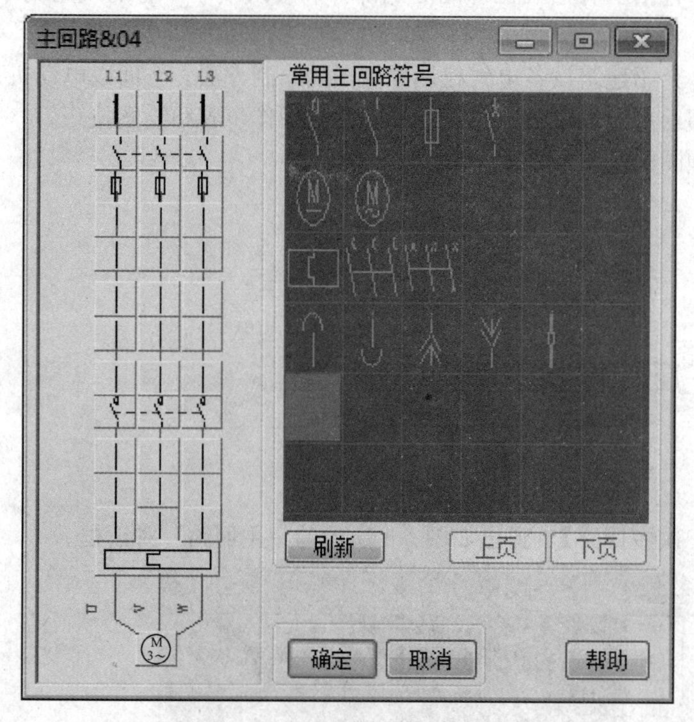

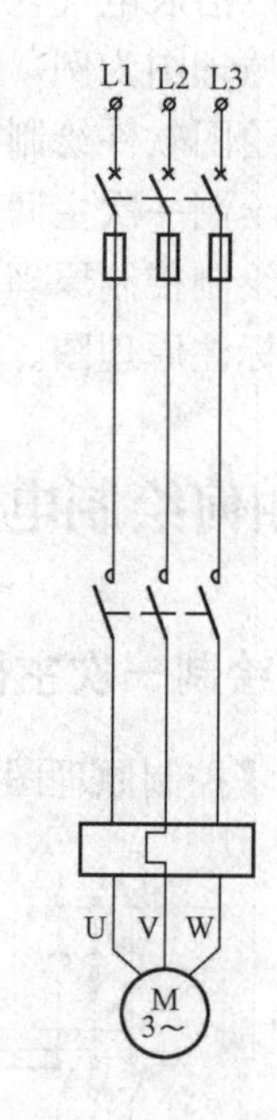

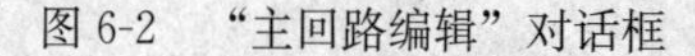

图 6-2 “主回路编辑”对话框

图 6-3 主回路示例

6.1.2 绘制原理图

单击【控制原理图】→【自由绘制】，弹出如图 6-4 所示的“自由绘制原理图”对话框。

绘制方法类似于用 CAD 绘制直线，可以边绘制回路，边点击对话框中的图块插入符号，并自动切断连线。插入符号的名称如表 6-1 所示，绘制完成效果如图 6-5 所示。

表 6-1　插入符号的名称

序号	代号	名　称	型号	规　格	数量
1	M	三相异步电动机	Y112M-4	4kW、380V、△接法、8.8A、1440r/min	1
2	QS	组合开关	HZ10-25/3	三极、25A	1
3	FU1	熔断器	RL1-60/25	500V、60A、配熔体 25A	3
4	FU2	熔断器	RL1-15/2	500V、15A、配熔体 2A	2
5	KM1、KM2	接触器	CJ10-10	10A、线圈电压 380V	2
6	FR	热继电器	JR16-20/3	三极、20A、整定电流 8.8A	1
7	SB1-SB3	按钮	LA10-3H	保护式、380V、5A、按钮数 3 位	3

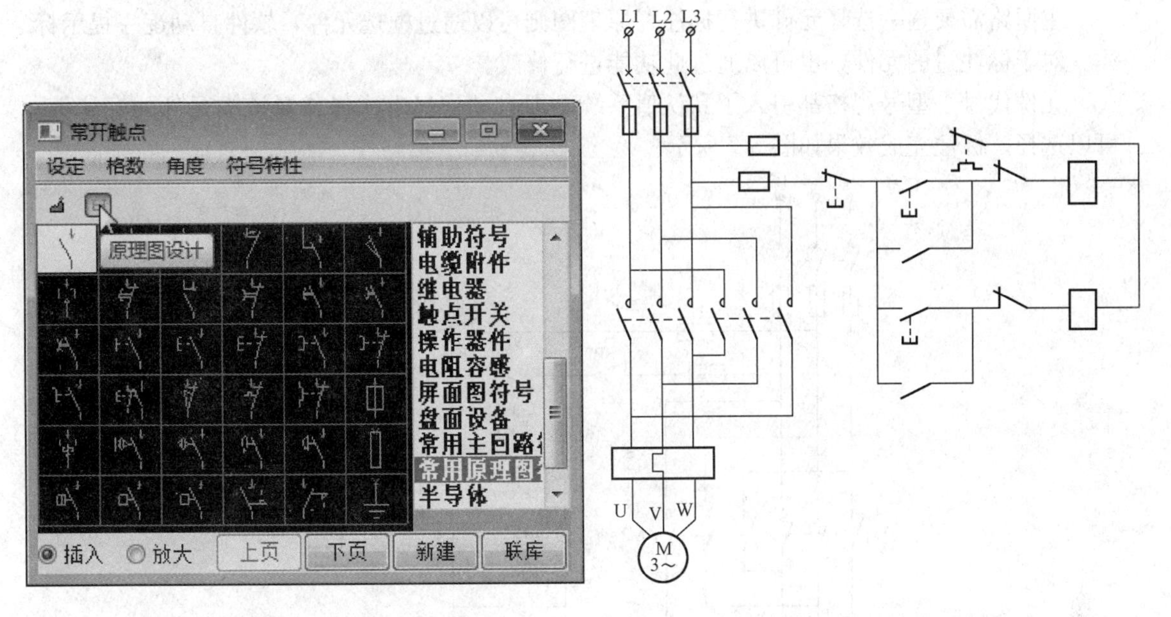

图 6-4　“自由绘制原理图”对话框　　图 6-5　自由绘制原理图的示例

6.1.3　标注原理图

单击【控制原理图】→【标注】→【代号标注】，框选设备，弹出“元件标注”对话框，然后输入代号元件，单击【标注完成】，如图 6-6 所示。

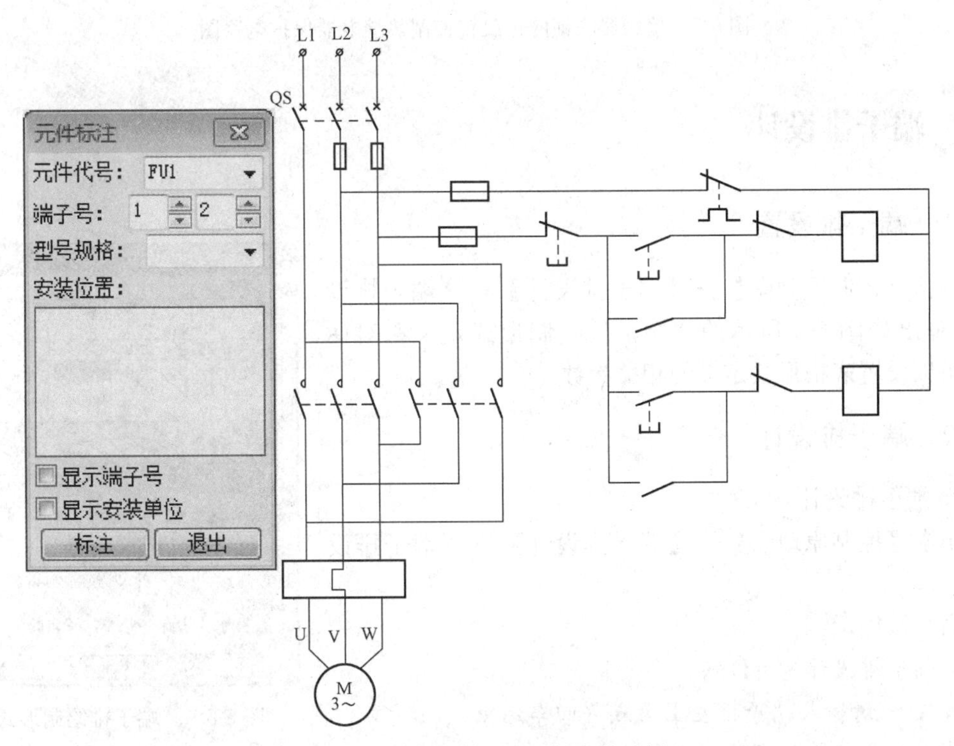

图 6-6　自由绘制原理图标注的示例

主回路需要逐一选择元件进行标注，原理图则可以通过框选元件，软件自动逐一提示标注。对于标注过的元件，也可以通过此功能进行修改。

元件代号、型号规格都引入了默认值系统，即自动记忆上次操作对该类元件的标注值，可以选择。标注完成效果如图 6-7 所示。

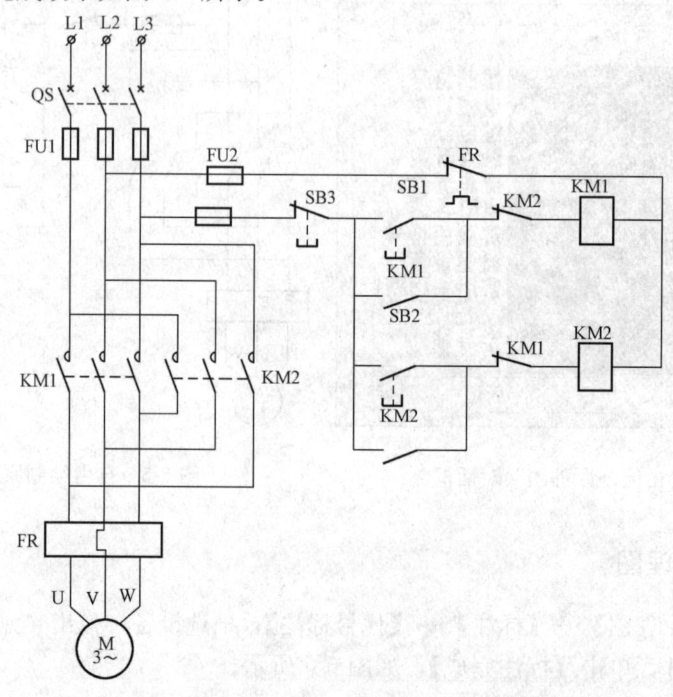

图 6-7 接触器联锁的正反转控制热继电器保护电路图

6.2 端子排设计

6.2.1 端子排设置

单击【控制原理图】→【端子排设计】→【端子排设置】，弹出如图 6-8 所示的“端子排绘制形式定义”对话框，可以设置表格形式定义的相关参数。

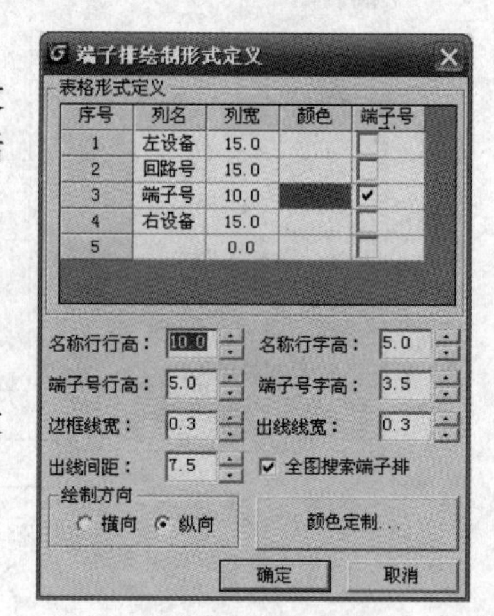

图 6-8 “端子排绘制形式定义”对话框

6.2.2 端子排设计

1. 端子排设计

单击【控制原理图】→【端子排设计】→【端子排设计】

命令行提示：

＊端子排设计＊＝Dzpsj

设置 S/请输入端子排左上角点〈回车结束〉：

请输入安装单位名称〈回车结束〉：

起始行号【1】：设置 S/请输入端子排行数：

输入端子表行数后，程序自动绘制端子表，可连续输入安装单位和行数，可生成多个安装单位的端子表。可以随时键入 S，设置本安装单位的起始序号。

注：在此操作开始，键入 S，可对端子排形式、表格尺寸和表格、字体颜色进行设置，详见后节。

2. 插入端子和地线

（1）插入试验端子。单击【控制原理图】→【端子排设计】→【试验端子】，在所点取的一行内插入试验端子，如图 6-9 所示。

（2）插入连接端子。单击【控制原理图】→【端子排设计】→【连接端子】，输入连接端子的起点和终点（在一行内任意点一点），如图 6-10 所示。

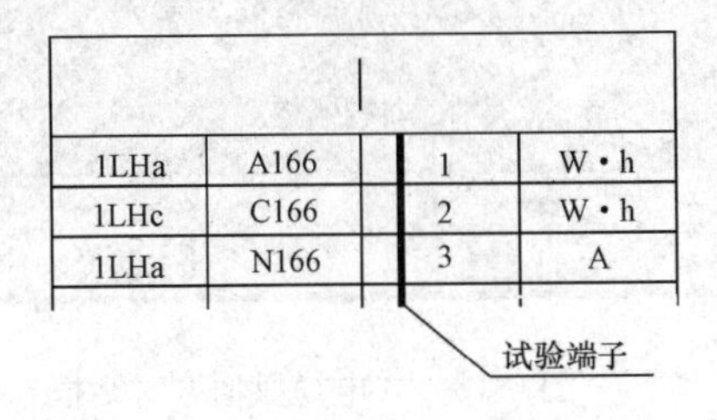

图 6-9　插入实验端子的示例

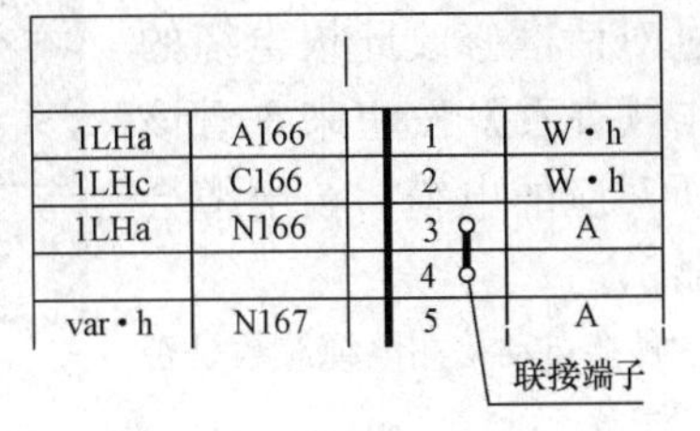

图 6-10　插入连接端子的示例

（3）地线插入。单击【控制原理图】→【端子排设计】→【地线插入】，点取接地线所在的行，如图 6-11 所示。软件可以切换插入位置在端子排的左侧或右侧，程序在点取的表格行的左侧或右侧插入地线。

1LHa　A166　1　W·h
1LHc　C166　2　W·h
1LHa　N166　3　A
4
var·h　N167　5　A
在需要插入地线的表格内点取一点

图 6-11　插入地线的示例

3. 电缆出线

单击【控制原理图】→【端子排设计】→【电缆出线】。

命令行提示：

＊端子排电缆出线＊＝DzpDlcx

请选择出线端子〈回车继续〉：

选择同一根电缆出线的端子，在相关的端子行内任意点取一点，显示红色。

选择完所有出线端子后，回车结束出线端子选择。

切换绘制方式 S/请确定出线位置：

电缆出线的绘制方法有两种，一种是利用键盘手工输入出线的各类参数，另一种是通过鼠标拖动选择。可左右拖动鼠标，定义出线在端子排左侧或右侧及具体位置，上下拖动鼠标，定义出线向上或向下。

在上面命令行的提示中，键入“S”，切换到手工输入电缆位置。“出线标尺”严格遵循绘图规范，即每个单位为 8mm，利用标尺电缆出线绘制将准确而且快捷，如图 6-12

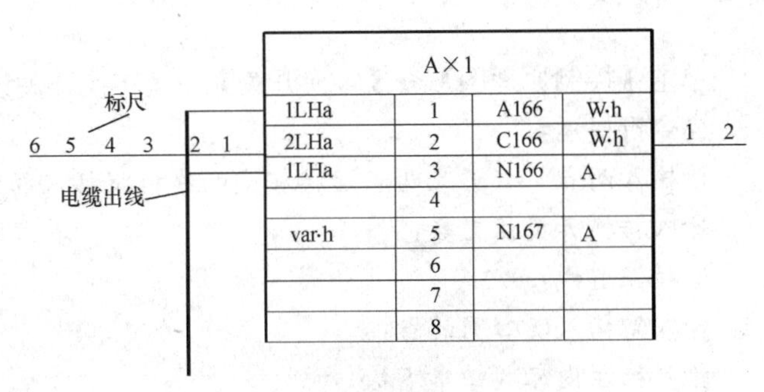

图 6-12　电缆出线的示例

所示。

注：同一行端子最多只能引出两根电缆。

4. 电缆赋值

单击【控制原理图】→【端子排设计】→【电缆赋值】。

命令行提示：

请选择要赋值的电缆〈回车结束〉：

框选所有需要赋值的电缆，弹出如图 6-13 所示的“电缆赋值”对话框。可以通过对话框修改此根电缆的信息用，点击【查看】按钮来查看该行电缆信息所对应的电缆，该电缆会在图面闪烁显示。

	电缆起点	电缆型号	电缆编号	电缆终点	芯	截	出线方	查看
1	A控制屏	KYY	1B-101	B控制屏	8	1.5	1	查看
2	A控制屏	KYY	1B-103	D控制屏	8	1.5	1	查看
3	A控制屏	KYY	1B-102	C控制屏	8	1.5	1	查看
4							1	查看
5							1	查看

赋值　关闭

图 6-13 “电缆赋值”对话框

注：(1) 软件会自动检测电缆芯数是否大于相连的端子数。

(2) 电缆赋值是“端子排校验”和“生成电缆清册”的基础，在此将电缆出线的信息赋给电缆后，则在后期可自动进行端子排校验和自动生成电缆清册。

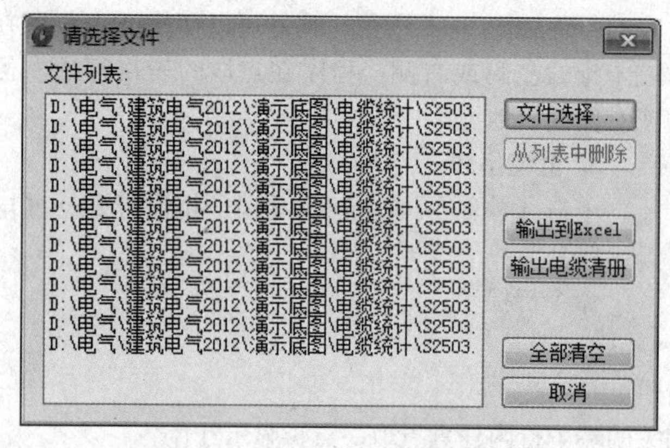

图 6-14 “绘制电缆清册”对话框

5. 绘制电缆清册

单击【控制原理图】→【端子排设计】→【绘制电缆清册】，弹出如图 6-14 所示的“绘制电缆清册”对话框。

【文件选择】：单击此按钮，弹出选择文件对话框，用来选择要合并统计电缆的 DWG 文件。

【输出电缆清册按钮】：单击此按钮，程序根据选择，自动统计电缆信息，并绘制电缆清册。

6.3 转换开关

单击【控制原理图】→【转换开关】→【转换开关设计】。

命令行提示：

请输入两点\（与此两点连接相交的线框将插入转换开关\）：

输入转换开关位置数：

选择保留线：

输入需插入实心圆的点：

输入标注内容（回车不标）：

可绘制转换开关，如图 6-15 所示。

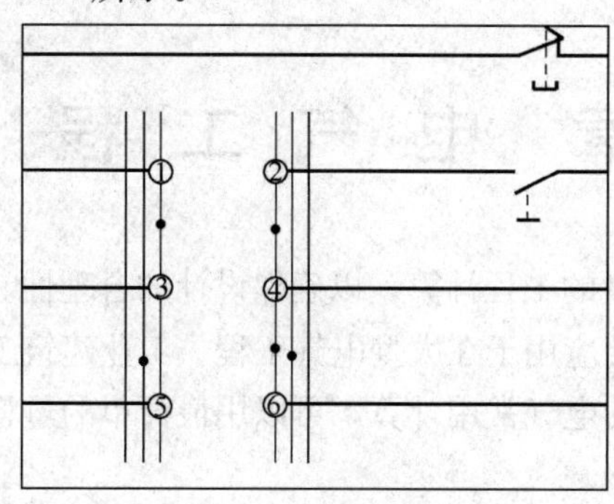

图 6-15　转换开关的示例

第 7 章　电 气 工 程 计 算

电气设计中需要进行大量的工程计算，以确保设计的合理性。建筑电气设计软件提供了丰富的电气工程计算功能，主要应用于在大型电气工程、工业建筑工程、民用建筑工程中的电气计算。软件涵盖了几乎所有的电气常用计算，可以用最简单的过程，计算出最准确的结果。

7.1　照度计算

照明计算是照明设计的主要内容之一，包括照度计算、亮度计算和眩光计算等。照明计算是正确进行照明设计的重要环节，是对照明质量作定量评价的技术指标。亮度计算和眩光计算比较复杂，在实际照明工程设计中，照明计算通常只进行照度计算，对照明质量要求较高时才做亮度计算和眩光计算。

利用系数法照度计算是按光通流明计算照度，根据房间的几何形状，灯具的数量，类型，来确定工作面平均照度的计算方法。通过照度计算可以满足不同房间的照明要求，这也体现了软件的专业性。

7.1.1　查表法

以图 2-1 中的大房间为例介绍操作步骤。

（1）单击【电气计算】→【照度计算】→【平均照度计算】，弹出利用系数法照度计算对话框，如图 7-1 所示。

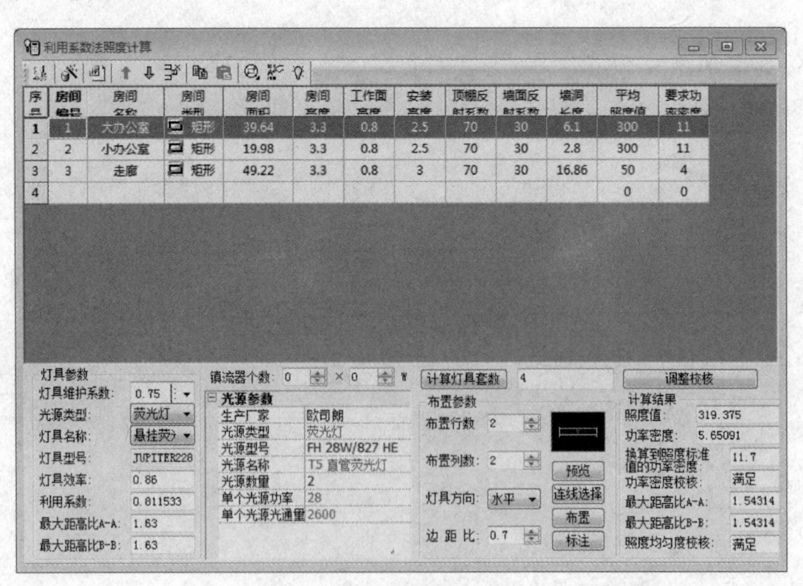

图 7-1　“利用系数法照度计算”对话框

（2）输入房间编号为“1”，名称为“大办公室”，单击房间类选择“矩形”，输入房间面积（也可以点击房间面积的拾取按钮从图中框选）、工作面高度、灯具安装高度。软件能自动计算出房间面积和室空比，这些参数是计算照度的一些基本条件。

（3）输入反射系数，墙面 P_w 和顶棚 P_{cc} 两项系数。

（4）输入平均照度值，可以点击【照度值查询】按钮，查询规范的数据，如图 7-2 所示。

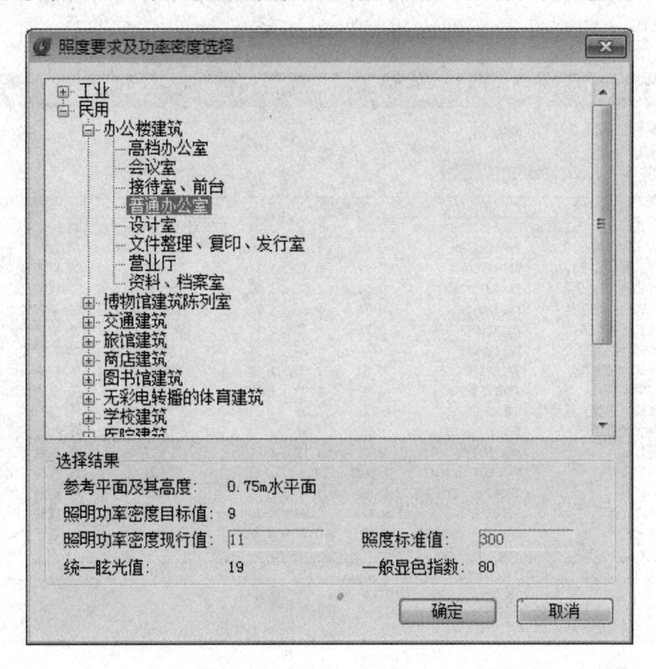

图 7-2 “照度要求及功率密度选择”对话框

（5）选择灯具维护系数。

（6）选择光源类型、灯具名称后，该灯具的相关属性会出现在灯具名称下面，软件还会自动提供照明设计手册等提供的利用系数表，查询出上述条件下该灯具的利用系数值和光通量值。

注：软件是根据厂家和照明设计手册提供的数据得到的利用系数和光源光通量，相关条件包括灯具型号、光源类型、室空比、反射系数等，如果输入的参数没有对应利用系数值和光通量值，软件会提示，此时可以输入一个利用系数。

也可以再修改前面的条件和灯具种类，再按“查表法”来重新查询利用系数值。

（7）单击【计算灯具套数】，软件根据上面已知条件可以计算出灯具套数。

（8）根据计算灯具套数，可以设定灯具的行列数量，再设定灯具的方向（水平布置、垂直布置）、端部设备距边界的距离比，按【调整校核】按钮，IEp 软件会自动计算出此条件下的实际照度值、实际距高比 $A-A$、实际距高比 $B-B$。可以比较，实际距高比应小于灯具要求值，实际距高比表示了光线均匀度。

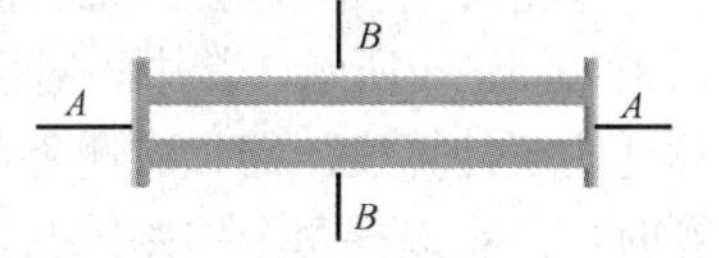

图 7-3 灯具距高比方向的示例

注：此处软件只模拟了规则房间的布置情况，不规则的房间应采用近似的数据模拟。灯具距高比的方向如图 7-3 所示。

(9) 按【行列布置灯具】按钮直接布灯。

(10) 可以生成Word计算书，也可以把计算书导入到CAD中。

7.1.2 灯具库存编辑

当需要的灯具找不到时，可以到软件的灯具型规数据库存中增加新的灯具，单击【灯具数据库】按钮，弹出“照度计算数据库维护”对话框，如图7-4所示。

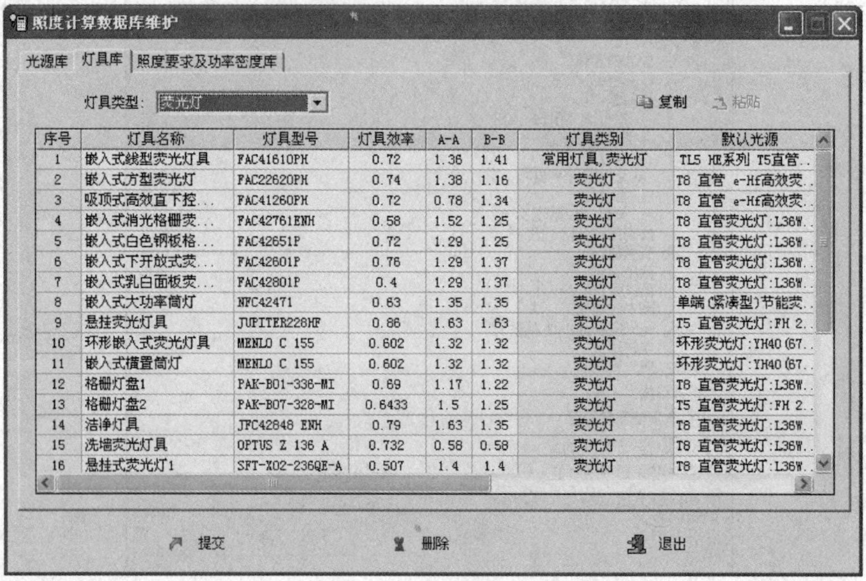

照度计算数据库维护

光源库　灯具库　照度要求及功率密度库

灯具类型：荧光灯　　复制　粘贴

序号	灯具名称	灯具型号	灯具效率	A-A	B-B	灯具类别	默认光源
1	嵌入式线型荧光灯具	FAC41610PH	0.72	1.36	1.41	常用灯具,荧光灯	TL5 HE系列 T5直管..
2	嵌入式方型荧光灯	FAC22620PH	0.74	1.38	1.16	荧光灯	T8 直管 e-Hf高效荧..
3	吸顶式高效直下控...	FAC41260PH	0.72	0.78	1.34	荧光灯	T8 直管 e-Hf高效荧..
4	嵌入式消光格栅荧...	FAC42761ENH	0.58	1.52	1.25	荧光灯	T8 直管荧光灯:L36W..
5	嵌入式白色钢板格...	FAC42651P	0.72	1.29	1.25	荧光灯	T8 直管荧光灯:L36W..
6	嵌入式下开放式荧...	FAC42601P	0.76	1.29	1.37	荧光灯	T8 直管荧光灯:L36W..
7	嵌入式乳白面板荧...	FAC42801P	0.4	1.29	1.37	荧光灯	T8 直管荧光灯:L36W..
8	嵌入式大功率筒灯	NFC42471	0.63	1.35	1.35	荧光灯	单端(紧凑型)节能荧..
9	悬挂荧光灯具	JUPITER228HF	0.86	1.63	1.63	荧光灯	T5 直管荧光灯:FH 2..
10	环形嵌入式荧光灯具	MENLO C 155	0.602	1.32	1.32	荧光灯	环形荧光灯:YH40 (67..
11	嵌入式横置筒灯	MENLO C 155	0.602	1.32	1.32	荧光灯	环形荧光灯:YH40 (67..
12	格栅灯盘1	PAK-B01-336-MI	0.69	1.17	1.22	荧光灯	T8 直管荧光灯:L36W..
13	格栅灯盘2	PAK-B07-328-MI	0.6433	1.5	1.25	荧光灯	T5 直管荧光灯:FH 2..
14	洁净灯具	JFC42848 ENH	0.79	1.63	1.35	荧光灯	T8 直管荧光灯:L36W..
15	洗墙荧光灯具	OPTUS Z 136 A	0.732	0.58	0.58	荧光灯	T8 直管荧光灯:L36W..
16	悬挂式荧光灯1	SFT-X02-236QE-A	0.507	1.4	1.4	荧光灯	T8 直管荧光灯:L36W..

提交　　删除　　退出

图7-4　“照度计算数据库维护”对话框

7.2 负荷计算

在对一个工业企业、民用建筑或一个施工现场进行供电设计时，首先遇到的便是该工厂、该建筑物或该工地要用多少电，即负荷计算问题。计算负荷是供电设计的基本依据。如果计算负荷确定过大，则设备和导线选择偏大，从而造成投资浪费。如果计算负荷确定过小，则设备和导线选择偏小，有可能酿成事故。因此，建筑物的负荷估算及统计正确与否是建筑电气合理设计的前提，正确地确定计算负荷具有重要的意义。

单击【电气计算】→【其他计算】→【负荷计算】，弹出的“需要系数法负荷计算”对话框如图7-5所示，其中，对话框上面部分为负荷计算，下面部分为变压器计算。此负荷计算适用于计算变压器二次侧负荷或整个厂区负荷，以及配电箱负荷等，在做配电箱的负荷计算时，注意选择每个回路的相位。

下面根据2.3.3节生成的系统图进行负荷计算，操作步骤如下：

(1) 新建负荷计算数据文件，或者打开已经有的数据文件。

(2) 根据系统图2-70输入回路编号、设备编号、设备名称、额定容量，选择相位，可以修改工作电压、需要系数和功率因数。

(3) 界面上黄色背景的数据项会自动计算出来，包括有功、无功、视在功率、电流。计

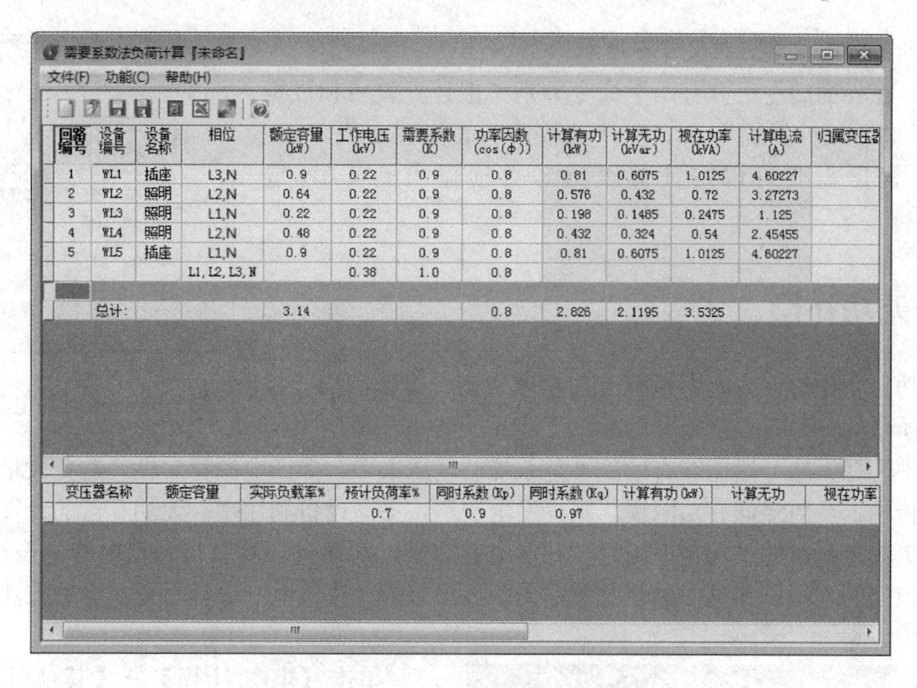

回路编号	设备编号	设备名称	相位	额定容量(kW)	工作电压(kV)	需要系数(K)	功率因数(cos(φ))	计算有功(kW)	计算无功(kVar)	视在功率(kVA)	计算电流(A)	归属变压器
1	WL1	插座	L3,N	0.9	0.22	0.9	0.8	0.81	0.6075	1.0125	4.60227	
2	WL2	照明	L2,N	0.64	0.22	0.9	0.8	0.576	0.432	0.72	3.27273	
3	WL3	照明	L1,N	0.22	0.22	0.9	0.8	0.198	0.1485	0.2475	1.125	
4	WL4	照明	L2,N	0.48	0.22	0.9	0.8	0.432	0.324	0.54	2.45455	
5	WL5	插座	L1,N	0.9	0.22	0.9	0.8	0.81	0.6075	1.0125	4.60227	
			L1, L2, L3, N		0.38	1.0	0.8					
	总计:			3.14			0.8	2.826	2.1195	3.5325		

变压器名称	额定容量	实际负载率%	预计负荷率%	同时系数(Kp)	同时系数(Kq)	计算有功(kW)	计算无功	视在功率
			0.7	0.9	0.97			

图 7-5 “需要系数法负荷计算”对话框

算公式为

$$计算有功=额定容量\times需要系数 \tag{7-1}$$

$$计算无功=额定容量\times\tan\varphi\ (\varphi\ 为功率因数角) \tag{7-2}$$

$$视在功率=\sqrt{(计算有功)^2+(计算无功)^2} \tag{7-3}$$

计算电流值为

当为三相时： $$计算电流=视在功率/（额定电压\times\sqrt{3}） \tag{7-4}$$

当为单相时： $$计算电流=视在功率/额定电压 \tag{7-5}$$

（4）重复上面操作，把每个回路都输入到界面中，此时负荷计算还可以计算出总计的额定容量、总的功率因数、总的有功、总的无功、总的视在功率。计算方法如下：

1）三相不平衡时：此三相总的额定功率=最大的单相功率×3 (7-6)

设三相的计算电流为 I_1、I_2、I_3，如 $[I_n-(I_1+I_2+I_3)/3]>0.15I_n$，则认为三相不平衡，此式中的 I_n 为 I_1、I_2 或 I_3。

2）其他情况都为所有的回路额定功率之和。

$$总的视在功率：总的视在功率=\sqrt{(总的计算有功)^2+(总的计算无功)^2} \tag{7-7}$$

总的功率因数：

其中，$\tan\varphi$=总的计算无功/总的计算有功。

$$总的功率因数=\cos\varphi \tag{7-8}$$

（5）调整相位：单击界面左上方的【相位调整】按钮，程序可以自动调整到三相平衡的状态，如果不能调整到三相平衡的时候，程序也会作一个最优的三相调整，并弹出最终调整后三相的计算电流值，如图 7-6 所示。

（6）在界面的左上方有两个命令分别“把计算表格和数据输出到 CAD 软件界面”和“把计算数据和表格输出成 Execl 格式”。根据需要可以将计算表格和数据输出到 CAD 或 Excel 中。

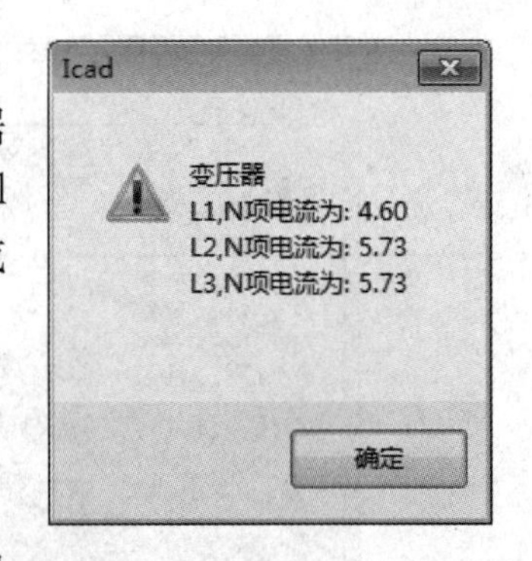

图 7-6 三相计算电流值

7.3 无功补偿

无功补偿作为保持电力系统无功功率平衡、降低网损、提高供电质量的一种重要措施，已被广泛应用于各电压等级电网中。合理选择无功补偿能够有效地维持系统的电压水平，保证电源稳定性，避免大量无功的远距离传输，从而降低有功网损，减少发电费用，提高设备利用率。无功补偿的计算目的是为计算工业企业中的平均功率因数及补偿电容容量，并通过计算获得补偿电容的设计依据，通常所依据的方法可参见中国建筑工业出版社出版的《建筑电气设计手册》中的无功功率的补偿。

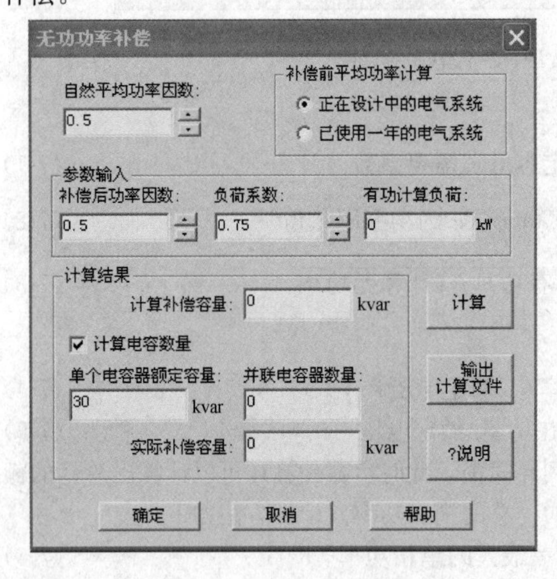

图 7-7 “无功功率补偿”对话框

单击【电气计算】→【其他计算】→【无功补偿】，出现如图 7-7 所示的“无功功率补偿”对话框。

系统采用电动机及变压器等，会产生无功功率，本功能的用途是算出应补偿的容量和电容器数量。

首先输入“自然平均功率因数”和“补偿后功率因数”、“负荷系数”、“有功计算负荷”等参数，单击【计算】按钮可以计算得到结果。其中“自然平均功率因数”即补偿前的平均功率因数，可直接输入，也可通过右侧的“补偿前平均功率计算”功能自动计算得到。

1. 正在设计中的电气系统

本系统对于设计中或刚使用不久的电气系统，其平均功率因数按计算负荷公式（7-9）来，如图 7-8 所示。

$$\cos\varphi = \frac{1}{\sqrt{1+\left(\frac{\beta \cdot Q_{js}}{\alpha \cdot P_{js}}\right)^2}} \tag{7-9}$$

其中“有功负荷系数”即式（7-9）中的 α，“无功负荷系数”即式（7-9）中的 β，“有功计算负荷”即式（7-9）中的 P_{js}，通过负荷计算得到的有功计算负荷，“无功计算负荷”即式（7-9）中的 Q_{js}，通过负荷计算得到的无功计算负荷。

2. 已使用一年的电气系统

对已使用一年的电气系统，其平均功率因数可根据过去一年的电能消耗量公式（7-10）来计算，如图7-9所示。

$$\cos\varphi=\frac{1}{\sqrt{1+\left(\frac{V_{ni}}{W_{ni}}\right)^2}} \tag{7-10}$$

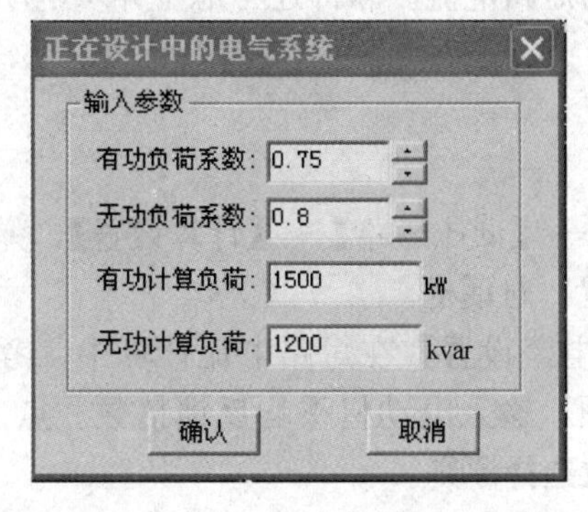

图7-8 “正在设计中的电气系统”对话框

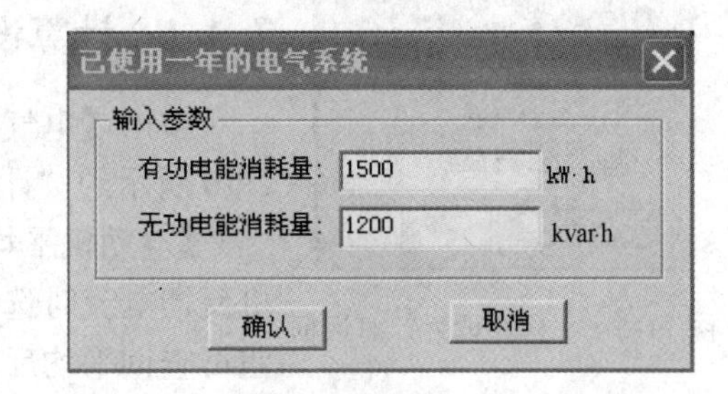

图7-9 “已使用一年的电气系统”对话框

其中“有功电能消耗量”即式（7-10）中的W_{ni}，电气系统一年的有功电能消耗量，直接输入。“无功电能消耗量”即式（7-10）中的V_{ni}，电气系统一年的无功电能消耗量，直接输入。

“补偿后功率因数”如高压供电的系统平均功率因数小于0.9，其他供电系统平均功率因数小于0.85时，则按《供用电规则》规定应采取补偿措施，把功率因数改善到规定的值即为此“补偿后功率因数”。

“负荷系数”在这里即为计算有功系数。

“有功计算负荷”计算无功补偿时所需要的参数。

“计算电容数量”选中此项，输入单个电容器额定容量，系统根据下面公式确定并联电容器的数量。

$$n=\frac{Q_c}{q_c} \tag{7-11}$$

式中 Q_c——计算出的补偿容量；

q_c——单个电容器的额定容量。

考虑三相均衡分配，有时在计算出电容数量和实际补偿容量后，还要对它们进行修改，因此系统计算这两项值的地方是开放的，可以随意修改。

按【输出计算文件】按钮把包括计算依据、条件、公式、过程以及结果的计算书输出到Word中。

7.4 低压短路电流计算

民用建筑电气设计中的低压短路电流计算，主要包括220/380V低压网络电路元件的计算，三相短路、单相短路（包括单相接地故障）电流计算和柴油发电机供电系统短路电流计算。

软件中的低压短路计算采用“有名值法”，提供了两种绘制功能，一种是设计中先绘制系统图，软件可将系统图自动变换成阻抗图；另外一种是直接绘制阻抗图。根据低压电网的特点，特别对序阻抗、相保阻抗分别进行计算。阻抗图生成后，软件根据节点导纳法，自动计算出三相对称短路，两相、单相接地不对称短路状态下的短路电流。软件还考虑了异步电动机对短路电流计算的影响。

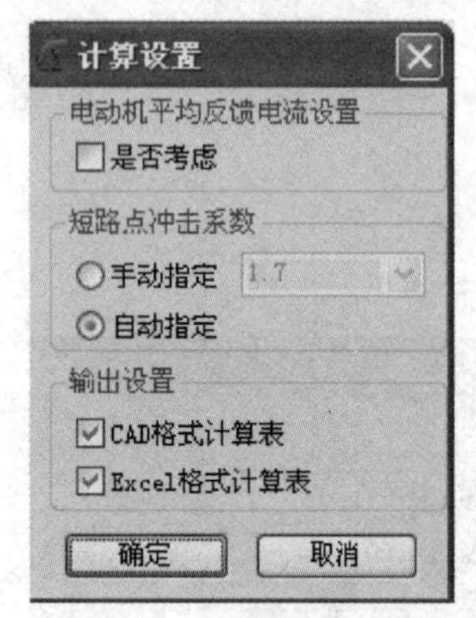

图 7-10 “计算设置”对话框

7.4.1 计算设置

单击【电气计算】→【低压短路】→【计算设置】，弹出如图 7-10 所示的“计算设置”对话框。

【电动机平均反馈电流设置】在短路电流计算中，考虑电动机反馈电流时选中该项，输入电动机平均反馈倍数。点击按钮可查询平均反馈倍数选择原则。

【输出设置】勾选确定最终生产计算结果的形式，可生成 EXCEL 形式及 CAD 下的计算书。

7.4.2 由系统图生成阻抗图

1. 绘制系统图

单击【电气计算】→【低压一次】→【绘系统图】，弹出如图 7-11 所示的“绘制低压系统图”对话框，使用此对话框绘制阻抗图。

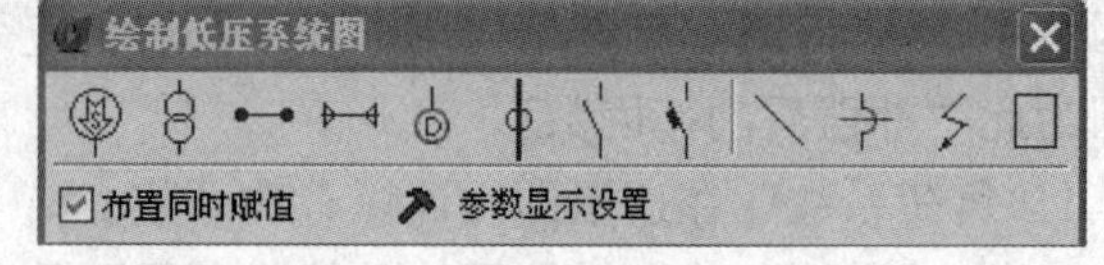

图 7-11 “绘制低压系统图”对话框

【布置同时赋值】：当选中时，在布置元件的同时，弹出“修改赋值”所示的对话框，在布置的同时赋值。若未选中则需要在绘制完成后，使用【修改赋值】功能对元件进行赋值。

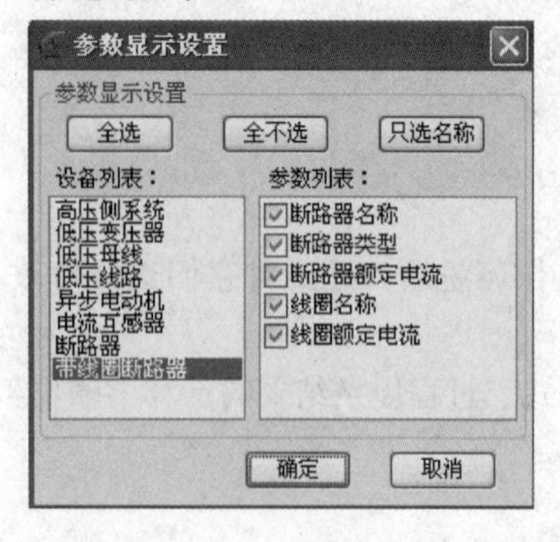

图 7-12 “参数显示设置”对话框

【参数显示设置】：执行此操作，弹出如图 7-12 所示的对话框，使用此对话框可设置各种设备的赋值参数是否在图中显示。可选择“只选名称”或勾选要显示参数。

单击绘制主接线图对话框中的图标可以在图上绘制对应的元件，按 A、S 键可调整元件的方向。

【系统布置】：单击此按钮在系统图中布置系统。

【变压器布置】：单击此按钮在系统图中布置变压器。

【低压母线布置】：单击此按钮系统图中布置低压母线。

【低压线路】：单击此按钮系统图中布置低压线路。

【电动机布置】：单击此按钮系统图中布置电动机。

【电流互感器】：单击此按钮系统图中布置电流互感器。

【断路器布置】：单击此按钮系统图中布置断路器。

【带线圈断路器布置】：单击此按钮系统图中布置带线圈断路器。

【绘制连线】：单击此按钮在图中绘制连接线，连线也可用 CAD 的 line 命令来绘制。

【跨接符号】：当系统图中有相交不相连的连线时，需要使用跨接符号对相交部分进行标定。表示两根线不相连。

【短路点布置】：单击此按钮在系统图中布置短路点，在系统图中所有位置均可布置短路点。

【定义系统图】：绘制完成系统图后，应调用该功能定义该图；点击此按钮后在图中框选系统图，即可定义系统主接线图。

下面绘制一个系统图。具体步骤如下：

(1) 单击【高压侧系统】按钮，在图中选择输入布置点，弹出如图 7-13 所示“高压侧系统”对话框并输入参数，绘制结果如图 7-14 所示。

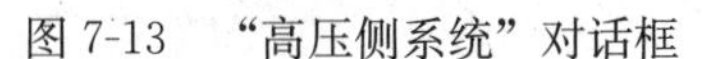
图 7-13 “高压侧系统”对话框

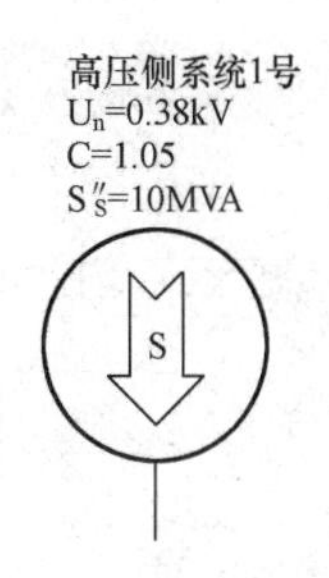

图 7-14 高压侧系统示意图

(2) 单击【低压变电器】按钮，捕捉高压侧系统端点作为输入布置点，弹出如图 7-15 所示“低压变压器”对话框并输入参数，绘制结果如图 7-16 所示。

(3) 单击【低压母线】按钮，捕捉低压变压器端点作为输入布置点，弹出如图 7-17 所示“低压母线”对话框，输入参数，绘制结果如图 7-18 所示。

(4) 单击【低压线路】按钮，捕捉低压母线端点作为输入布置点，弹出如图 7-19 所示“低压线路”对话框并输入参数，绘制结果如图 7-20 所示。

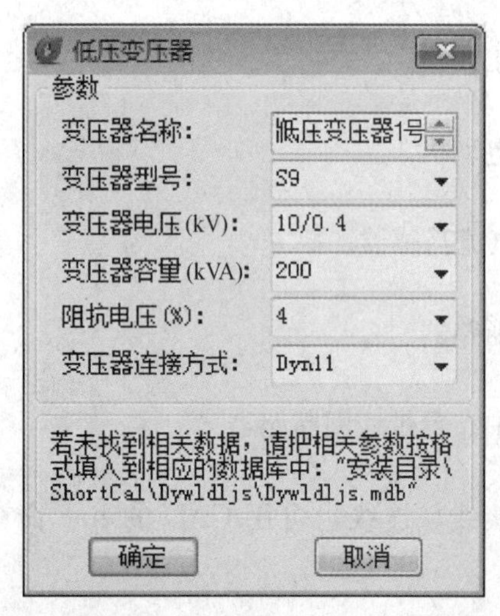

图 7-15 “低压变压器”对话框

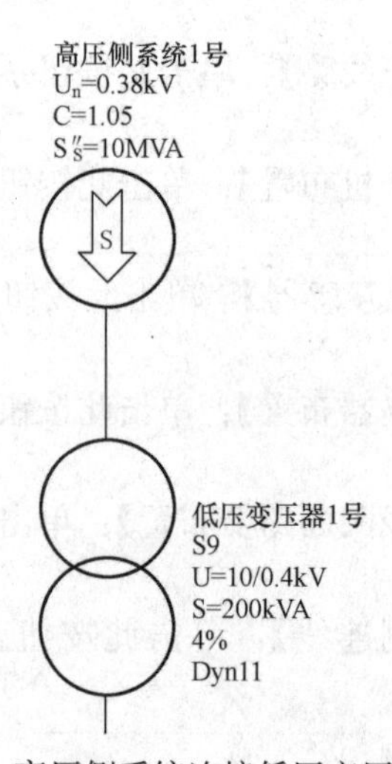

图 7-16 高压侧系统连接低压变压器示意图

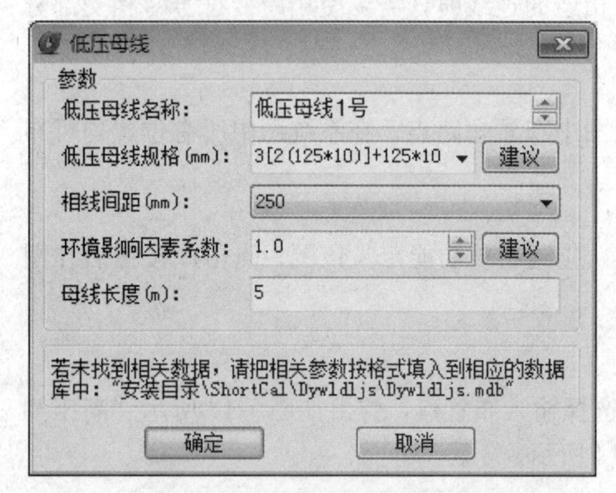

图 7-17 “低压母线”对话框

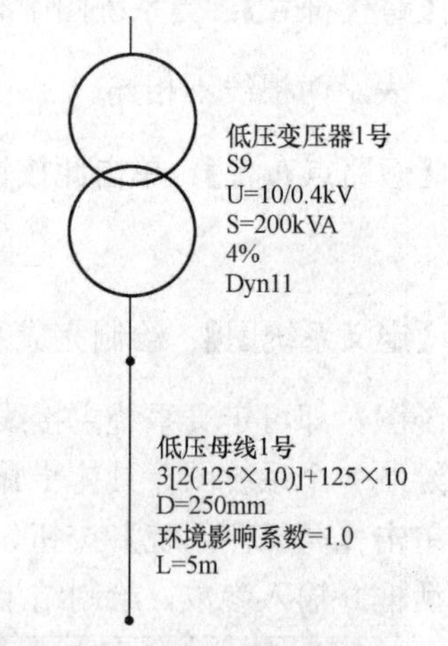

图 7-18 低压变压器连接低压母线示意图

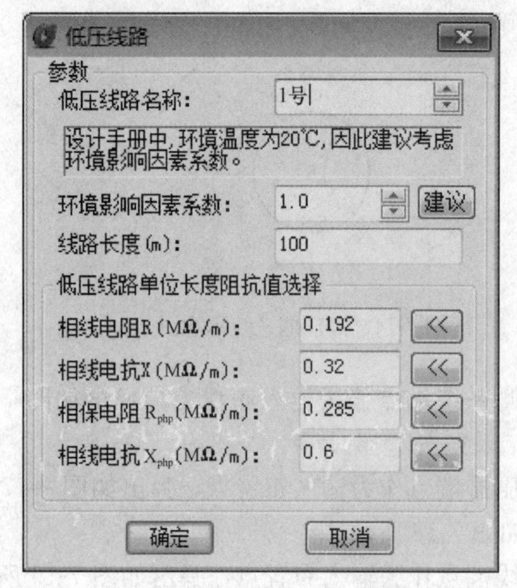

图 7-19 “低压线路”对话框

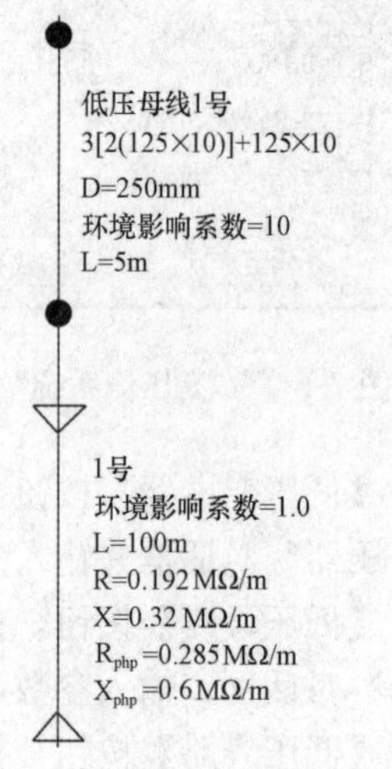

图 7-20 低压母线连接低压线路器示意图

（5）单击【电流互感器】按钮，捕捉低压线路端点作为输入布置点，弹出如图 7-21 所示“电流互感器”对话框并输入参数，绘制结果如图 7-22 所示。

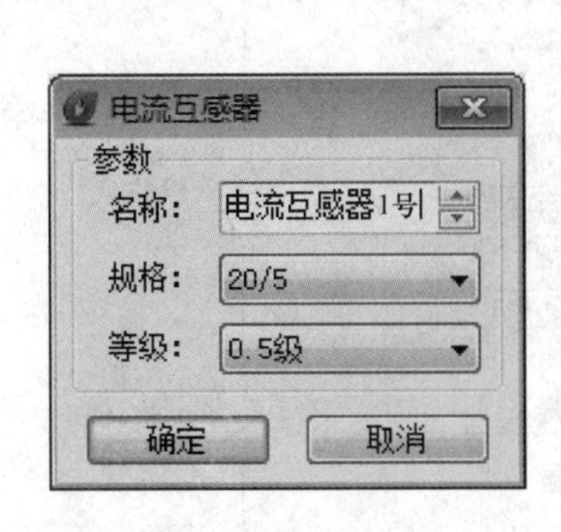

图 7-21　“电流互感器”对话框

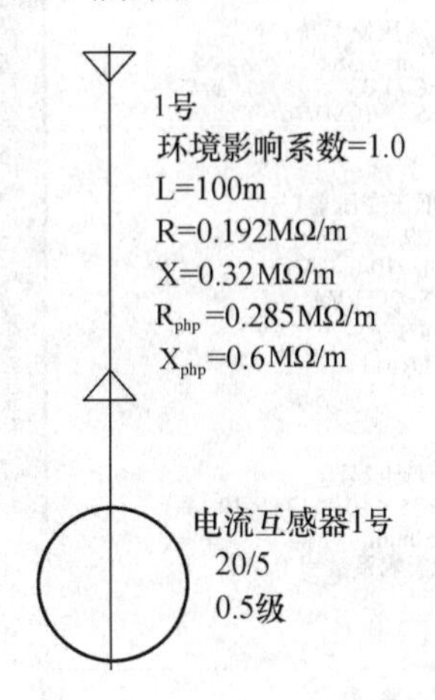

图 7-22　低压线路连接电流互感器示意图

（6）单击【连线】按钮，捕捉电流互感器端点作为起点，垂直向下绘制一段距离。

（7）单击【短路点】按钮，捕捉连线上的点作为输入布置点，弹出如图 7-23 所示“短路点”对话框并输入参数绘制结果如图 7-24 所示。

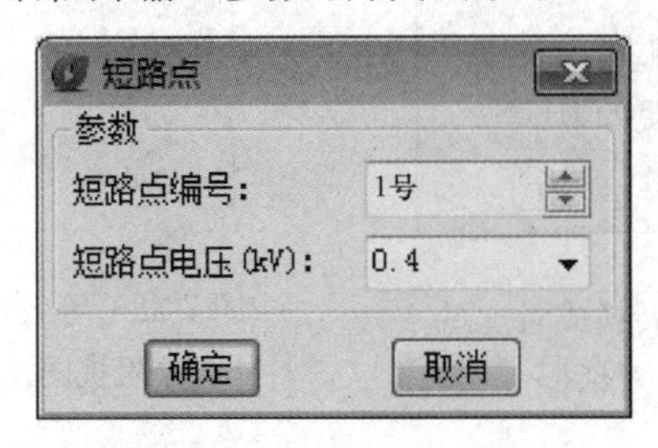

图 7-23　“短路点”对话框

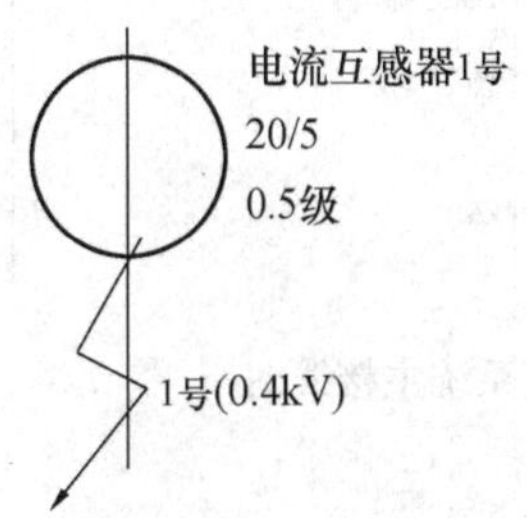

图 7-24　插入电路点示意图

（8）单击【范围示意框】按钮，框选整个系统图，从而生成系统主接线图，如图 7-25 所示。

2. 修改赋值

单击【电气计算】→【低压短路】→【修改赋值】，选择要赋值或修改的元件则会弹出不同的赋值界面，如图 7-26 为低压变压器赋值对话框，在该对话框中输入所需参数，单击【确定】，变压器赋值就更新了。

同样的道理，可以对系统图中其他设备进行赋值，包括短路点，线路。

3. 生成阻抗

单击【电气计算】→【低压短路】→【生成阻抗】，可以对系统图进行检查，并显示其中出错部分，可检查的错误包括系统图的连接错误、设备编号重复等常见错误。

如系统图绘制没有问题，则弹出系统图转换设置对话框，如图 7-27 所示，单击【确定】按钮，即可将绘制的低压系统图转换成阻抗图，如果勾选“是否输出阻抗值计算书”，并同时输出 Word 形式阻抗值计算书。生成的阻抗图如图 7-28 所示。

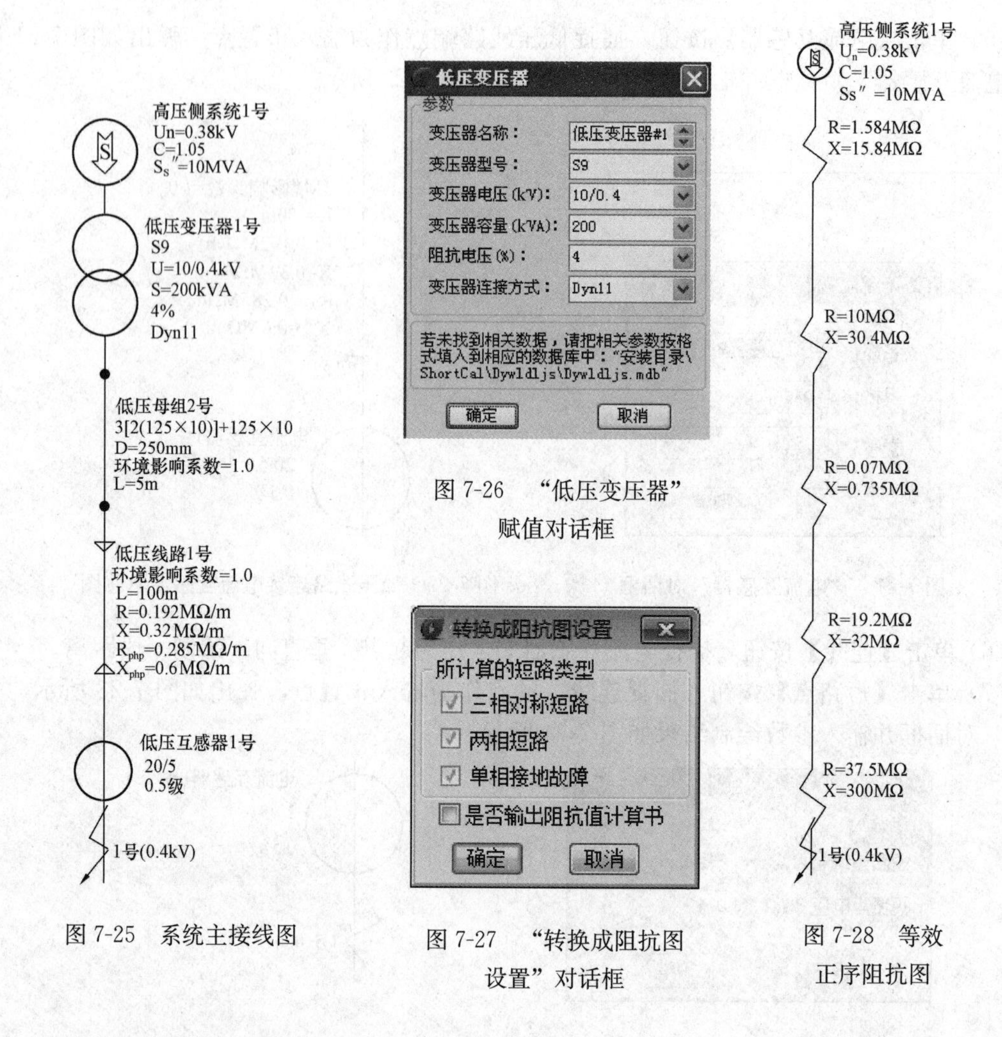

图 7-25 系统主接线图

图 7-26 "低压变压器"赋值对话框

图 7-27 "转换成阻抗图设置"对话框

图 7-28 等效正序阻抗图

以上就是一个系统图转换为阻抗图实例，如图 7-25 为一个系统主接线图，如图 7-28 为自动变换而成的对应的阻抗图，其中对应关系见表 7-1。

表 7-1 **系统图、阻抗图对应关系**

系统图	阻抗图
系统	系统＋系统阻抗
线路	阻抗
变压器	阻抗
电动机	电动机
电流互感器	阻抗

注：1. 在绘制的系统图中，应保证各元件的正确连接，建议在绘制时打开捕捉。

2. 对于不相连的相交线要用"—⌒—"来表示。

3. 在绘制过程中完全可以使用 CAD 的编辑功能，例如复制、移动等功能，也可用 CAD 的 line 命令来绘制连线。

7.4.3 直接绘制阻抗图

与绘制系统图的方法相似，可直接绘制阻抗图，请试着绘制上图的等效正序阻抗图。

单击【电气计算】→【低压短路】→【绘阻抗图】，弹出如图7-29所示的“阻抗布置”对话框，绘制阻抗图。

【布置同时赋值】当选中时，在布置元件的同时，弹出“修改赋值”对话框，在布置的同时赋值。若未选中则需要在绘制完成后，使用【修改赋值】功能对元件进行赋值。

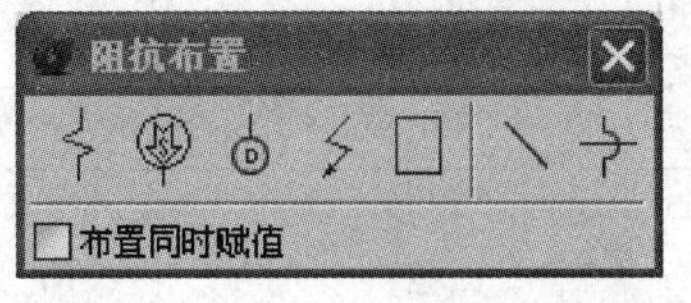

图7-29 “阻抗布置”对话框

点击对话框中的图标可以在图上绘制对应的元件，按A、S键可调整元件的方向。

【阻抗布置】：单击此按钮布置阻抗。

【电源布置】：单击此按钮在阻抗图中布置电源。

【电动机布置】：单击此按钮在阻抗图中布置电动机。

【短路点布置】：单击此按钮在阻抗图中布置短路点，在阻抗图中所有位置均可布置短路点。

【定义阻抗图】：绘制完成阻抗图后，应调用该功能定义该图；单击此按钮后在图中框选阻抗图，即可对阻抗图定义为正、负或零序阻抗图。

【绘制连线】：单击此按钮后在图中绘制连接线，连线可用CAD的line命令来绘制。

【跨接符号】：当阻抗图中有相交不相连的连线时，需要使用跨接符号对相交部分进行标定。如—⌒—就表示两根线不相连。

1. 修改阻抗

单击【电气计算】→【低压短路】→【修改阻抗】，只需要选中阻抗图中的设备，就会弹出相应对话框，输入参数，单击确定。详细可参照7.4.2节“修改赋值”部分。

2. 阻抗图检查

单击【短路计算】→【低压短路】→【检查错误】，专门用于检查阻抗图，不支持系统图错误检查。

7.4.4 计算

单击【电气计算】→【低压短路】→【计算】，框选图7-28所示的正序阻抗图，然后回车或单击鼠标右键，即可生成计算书，计算结果中所包含内容可以由“计算设置”设定。CAD形式计算结果中附带符号说明表，对计算结果中的符号进行说明，见表7-2和表7-3。

表7-2 低压网络系统元件阻抗（电压等级：0.38kV）

电路元件序号	电路元件	元件阻抗/MΩ			
		R	X	R_{php}	X_{php}
1	1号	19.200	32.000	28.500	60.000
2	电流互感器1号	37.500	300.000	0.000	0.000
3	高压侧系统1号	1.584	15.840	1.056	10.560
4	低压母线1号	0.070	0.735	0.210	1.585
5	低压变压器1号	10.000	30.400	10.000	30.400

表 7-3　　低压短路电流计算（考虑异步电动机影响）

短路点	分支名称	分支电路元件	短路点电抗（mΩ）		三相短路电流（kA）	两相短路电流（kA）	单相短路电流（kA）		短路冲击系数	短路冲击电流（kA）	短路全电流最大有效值
			$Z_k=\sqrt{R_k^2+X_k^2}$	$Z_{php}=\sqrt{R_{php}^2+X_{php}^2}$	$I''=\frac{1.06U_n\sqrt{3}}{Z}$	$I=0.866I''$	$I_d=\frac{U_n/\sqrt{3}}{Z_{php}}$	X_k/R_k	K_p	$i_p=\sqrt{2}K_pI''$	$I_p=I''\sqrt{1+2(K_p-1)^2}$
1号	高压侧系统1号	3，5，4，1，2	284.511	109.985	0.81	0.701	1.995	4.995	1.55	1.774	1.025
	小计				0.81	0.701	1.995			1.774	1.025

注：(1) 计算时，框选阻抗图需将整个阻抗图都显示在当前窗口范围内，即整个阻抗图都能在当前窗口看到。

(2) 当框选正序阻抗图时可计算三相短路电流；框选正、负序阻抗图，可计算三相和两相接地短路电流；同时框选正、负、零序阻抗图时可计算三相、两相、单相和两相接地短路电流。

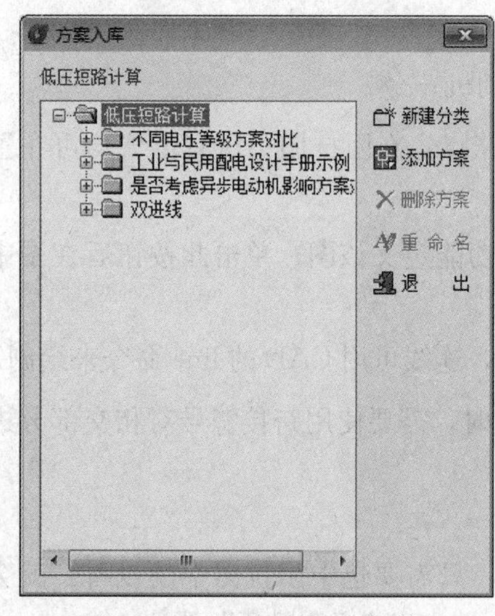

图 7-30　“方案入库”对话框

7.4.5　方案入库

单击【电气计算】→【低压短路】→【方案入库】，弹出如图 7-30 所示的“方案入库”对话框，上方的路径是当前方案所对应的图纸所在位置。

【新建分类】：先点中一个文件夹，如图中的“低压短路计算”，点击【新建分类】按钮，此时会出现一个新文件夹，输入名称，即可建立。

【添加方案】：先点击文件夹，单击【添加方案】按钮，命令行提示“选择对象”，框选阻抗图，阻抗图即加入图库，以后可以方便调用。

7.4.6　方案库

单击【电气计算】→【低压短路】→【方案库】，弹出如图 7-31 所示的对话框，在这里可以直接调用已保存的方案。

【图库工具条】：功能有打开、插入、建目录、添加标准图、复制、粘贴、重命名、删除、任意缩放、放大、平移、旋转视图、初始试图、帮助、DWG 预览等。

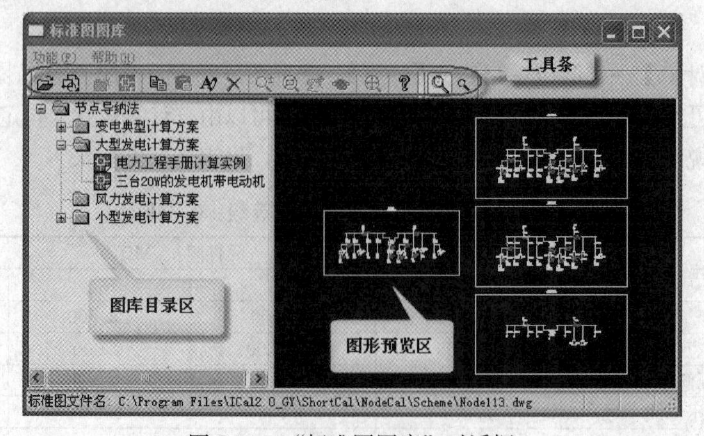

图 7-31　“标准图图库”对话框

【图库目录区】：为当前方案库中所有的方案，采用树状组织结构，逐级打开，直到显示出图纸，单击图纸名，在右侧可以显示出该图纸。除了显示图纸目录组织以外，在“图纸目录区”选中任意目录，点击右键，会弹出菜单，包括以下子菜单：新建分类、添加标准图、重命名、删除。在“图纸目录区”选中任意图纸，点击右键，会弹出菜单，包括以下子菜单：复制、粘贴、重命名、删除。

【图形预览区】：预览左侧选中的图纸。

7.5 电压损失计算

由于输电线路存在阻抗，所以线路通过电流时会产生电压损失。按规定，高压配电线路的电压损失，一般应不超过线路额定电压的 5%；从变压器低压侧母线到用电设备端的低压配电线路的损失，一般不超过用电设备额定电压的 5%；对视觉要求较高的照明线路，则为 2%～3%。如果线路的电压损失值超过了允许值，设计人员需适当加大导线截面。在进行电气设计的过程中，设计人员需要通过电压损失的计算，来进行导线校验工作。

单击【电气计算】→【其他计算】→【电压损失计算】，出现如图 7-32 所示的“电压损失计算”对话框。

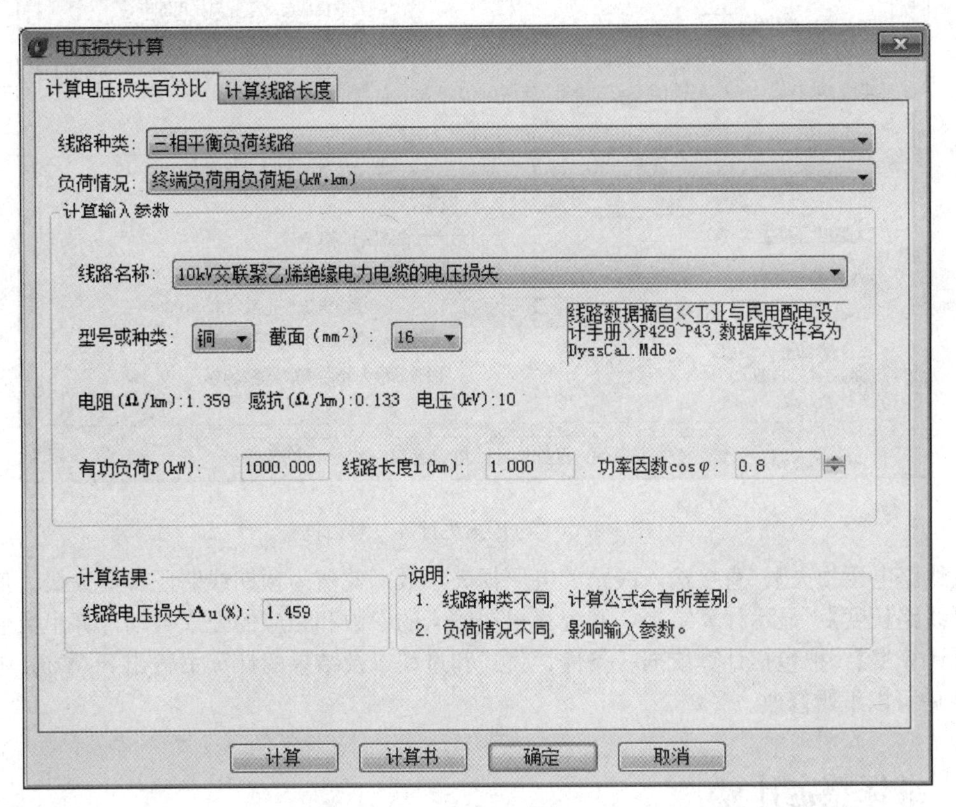

图 7-32 “电压损失计算”对话框

在标签对话框中，有两种计算功能，分别为“计算电压损失百分比”和“计算线路长度”，下面分别进行详细介绍。

1. 计算电压损失百分比

在图7-30所示的对话框中，输入各项计算参数，其中：

【有功负荷】：直接输入线路所负载的负荷；

【线路电压损失】：显示计算结果，系统将根据输入的参数和相应的公式自动计算出数值；

【计算书】：把包括计算依据、条件、公式和过程以及结果的计算书输出到Word中，在Word中可以对其进行编辑修改。

2. 计算线路长度

在图7-33所示的"电压损失计算"对话框中，输入各项参数，其中：

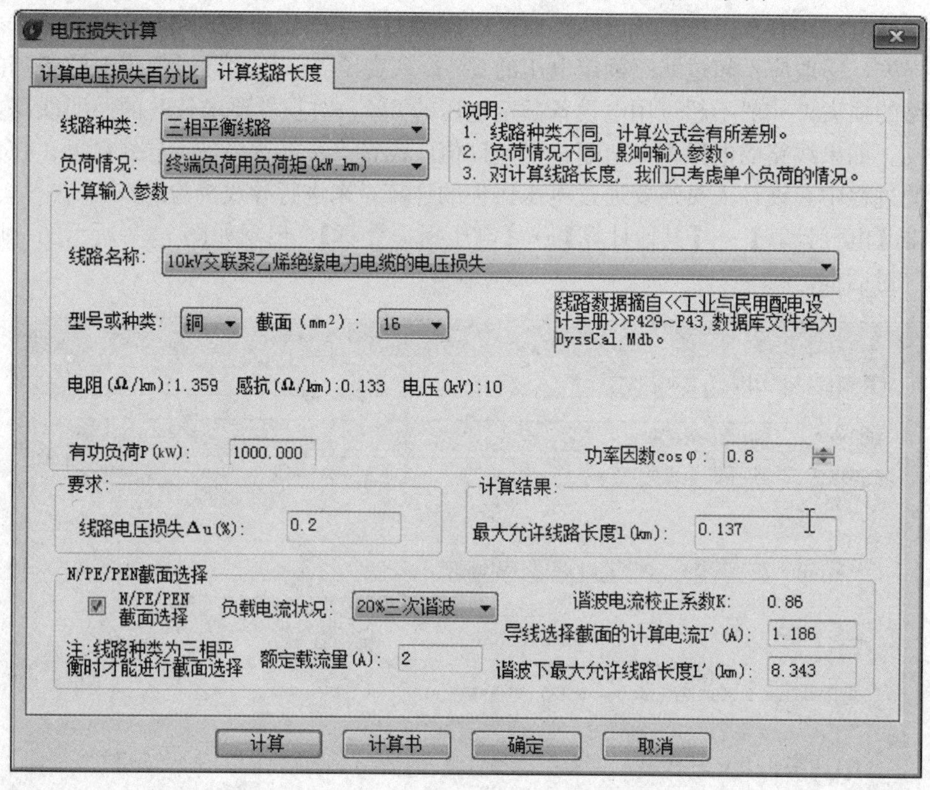

图7-33 "电压损失计算"对话框

【线路电压损失】：直接输入线路的电压损失参数，此值为预期线路压降损失最大值。

【线路长度】：显示计算结果，系统将根据输入的参数和相应的公式自动计算出数值。

【计算书】：把包括计算依据、条件、公式和过程以及结果的计算书输出到Word中，在Word中可以编辑修改。

7.6 继保整定计算

继电保护整定计算是电力系统生产运行中一项重要的工作。随着电网规模的不断扩大，电网结构日趋复杂，电力系统整定计算的工作量和复杂程度越来越大，利用计算机技术提高整定计算的工作效率和正确性越来越受到人们的重视。

7.6.1　变压器保护

变压器是供配电的主要设备之一，在工矿企业的能源损耗和投资中，常占很大的比例，一些中小企业在择配变压器和计算保护定值时存在不少问题。合理选择变压器容量是降损、节能的基础，正确计算变压器的过流、速断保护的定值，则是变压器安全运行的可靠保证。

单击【电气计算】→【继保整定】→【变压器保护】，出现如图 7-34 所示的“电力变压器保护”对话框。

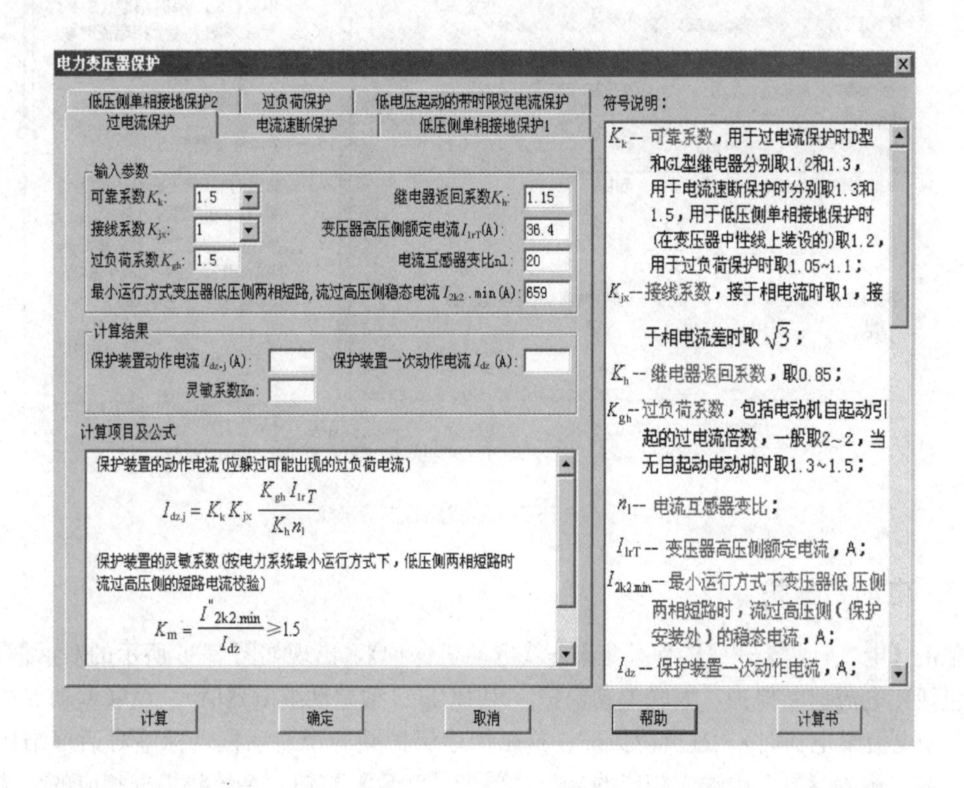

图 7-34　“电力变压器保护”对话框

变压器保护计算包括有：过电流保护、电流速断保护、低压侧单相接地保护 1（利用高压侧三相式过电流保护）、低压侧单相接地保护 2（采用在低压侧中性线上装设专用的零序保护）、过负荷保护和低电压起动的带时限过电流保护共 6 个对话框，标签对话框结构大体相似，在“输入参数”中输入相应的参数，单击【计算】按钮，系统将根据相应的公式计算出结果，且返回在“计算结果”一栏中。

7.6.2　线路保护

单击【电气计算】→【继保整定】→【线路保护】，出现如图 7-35 所示的对话框。

计算功能包括有：过电流保护、无时限电流速断保护、带时限电流速断保护和单相接地保护共四个对话框。在“输入参数”中输入相应的参数，单击【计算】按钮，系统将根据相应的公式计算出结果，且返回在“计算结果”一栏中。

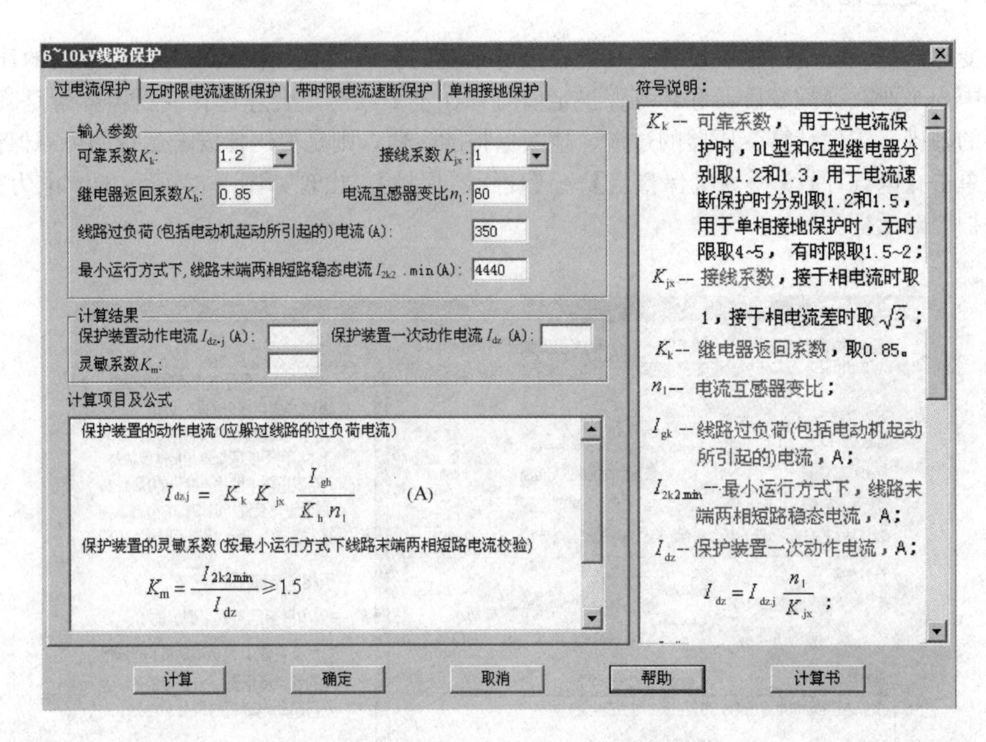

图 7-35 “6～10kV 线路保护”对话框

7.6.3 电动机保护

单击【电气计算】→【继保整定】→【电动机保护】，出现如图 7-36 所示的对话框。

包括：电流速断保护、纵联差动保护（用 BCH-2 型差动继电器时）、纵联差动保护（用 DL-11 型电流继电器时）、过负荷保护、单相接地保护共 5 个对话框，标签对话框结构大体相似，在“输入参数”中输入相应的参数，单击【计算】按钮，系统将根据相应的公式计算出结果，且返回在“计算结果”一栏中。

7.6.4 电容器保护

单击【电气计算】→【继保整定】→【电容器保护】，出现如图 7-37 所示的对话框。

电容器保护包括无时限或带时限过电流保护、横联差动保护（双三角形接线）、中性线不平衡电流保护（双星形接线）、开口三角电压保护（单星形接线）、过电压保护、低电压保护、单相接地保护共 7 个对话框，标签对话框结构大体相似，在“输入参数”中输入相应的参数，单击【计算】按钮，系统将根据相应的公式计算出结果，且返回在“计算结果”一栏中。

7.6.5 母线保护

单击【电气计算】→【继保整定】→【母线保护】，出现如图 7-38 所示的对话框。

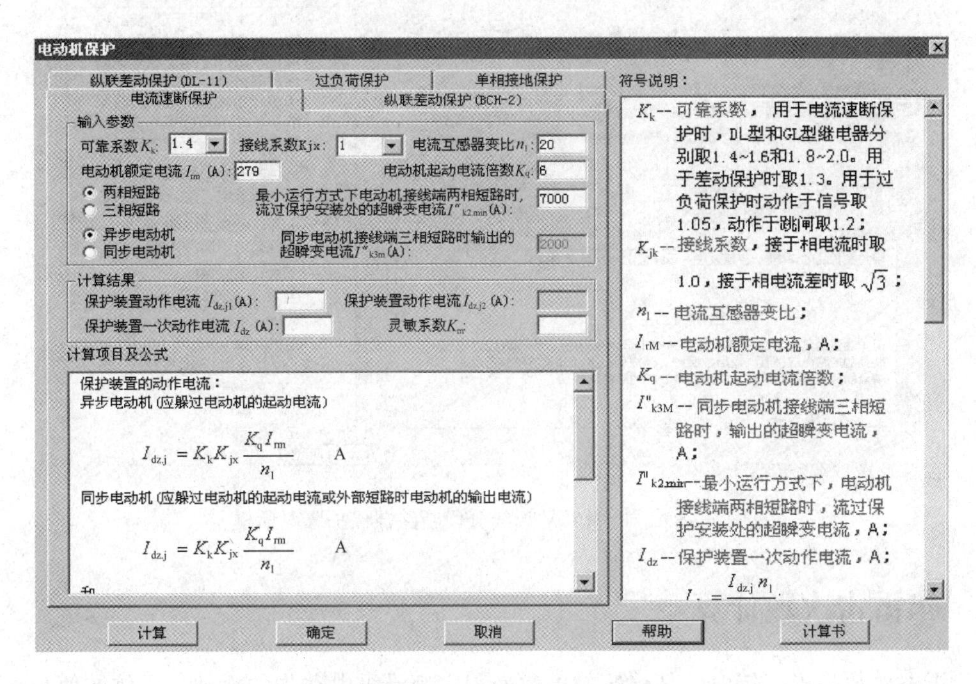

图 7-36 “电动机保护”对话框

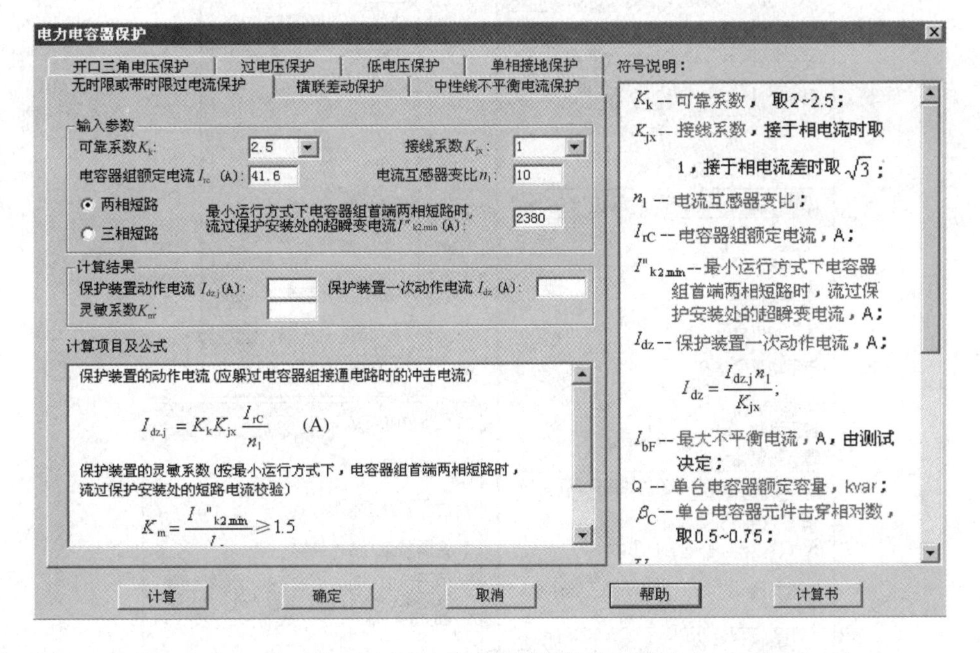

图 7-37 “电力电容器保护”对话框

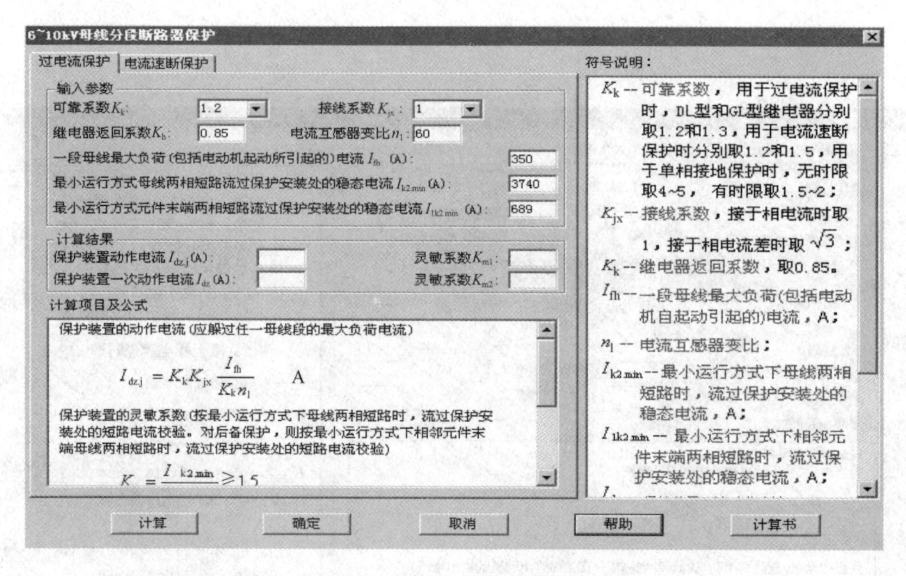

图 7-38 “6～10kV 母线分段断路器保护”对话框

7.7 年雷击次数计算

年雷击次数是指一年内，某建筑物单位面积内遭受雷电袭击的次数，具体数值与建筑物

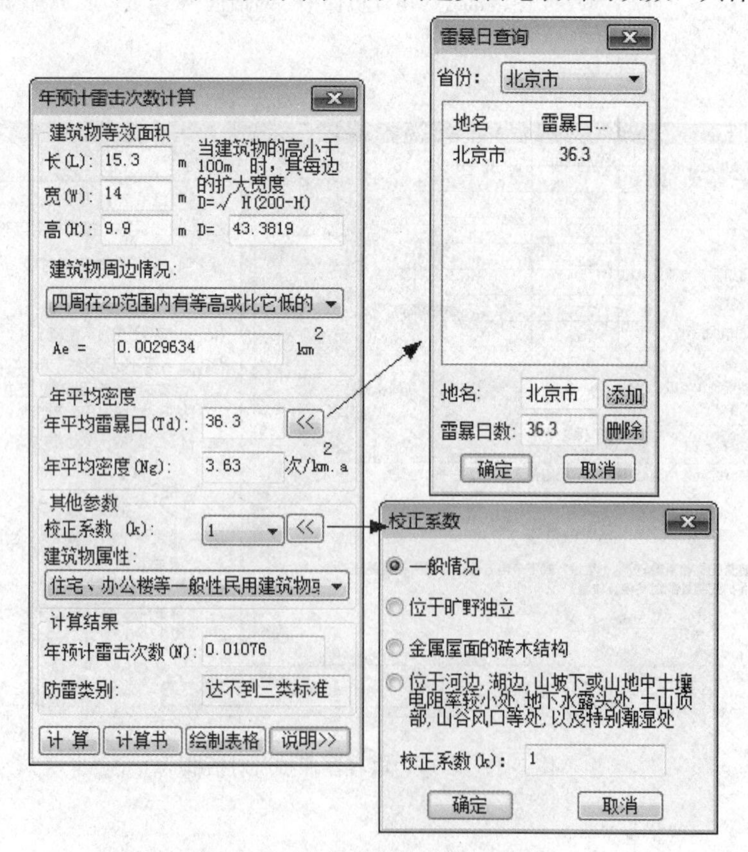

图 7-39 “年雷击次数计算”对话框

等效面积、当地雷暴日及建筑物地况有关。年雷击次数计算用来计算建筑物的年预计雷击次数，年预计雷击次数是建筑防雷必要性分析的一个指标。

以图2-1所示的建筑物为例进行年雷击次数计算，单击【电气计算】→【防雷计算】→【年雷击次数计算】，出现如图7-39所示的对话框。输入建筑物的长、宽、高计算建筑物的等效面积；选择建筑物周围情况；确定建筑物属性。

通过界面上的【<<】按钮查询到规范相关的雷暴日参数和校正系数；按【计算】按钮，计算出结果，并可以通过【计算书】按钮可以生成Word格式的计算书，此计算书提供详细的计算过程。按【绘制表格】按钮，可绘制出CAD计算表格，按【说明】可查询年预计雷击次数计算说明，包括相关公式和防雷分类。

7.8　接地电阻计算

接地电阻就是电流由接地装置流入大地再经大地流向另一接地体或向远处扩散所遇到的电阻，它包括接地线和接地体本身的电阻、接地体与大地的电阻之间的接触电阻以及两接地体之间大地的电阻或接地体到无限远处的大地电阻。

正确计算和测量接地电阻，是路灯设施接地保护的首要环节。理论上，接地电阻越小，接触电压和跨步电压就越低，对人身越安全。

但接地电阻越小，则人工接地装置的投资也就越大，而且在土壤电阻率较高的地区不易做到。在实践中，可利用埋设在地下的各种金属管道（易燃体管道除外）和电缆金属外皮以及建筑物的地下金属结构等作为自然接地体。由于人工接地装置与自然接地体是并联关系，从而可减小人工接地装置的接地电阻，减少工程投资。

单击【电气计算】→【接地计算】→【接地电阻计算】，可以进行接地电阻计算。

此部分计算包括以下五项内容，程序的主界面如图7-40所示。

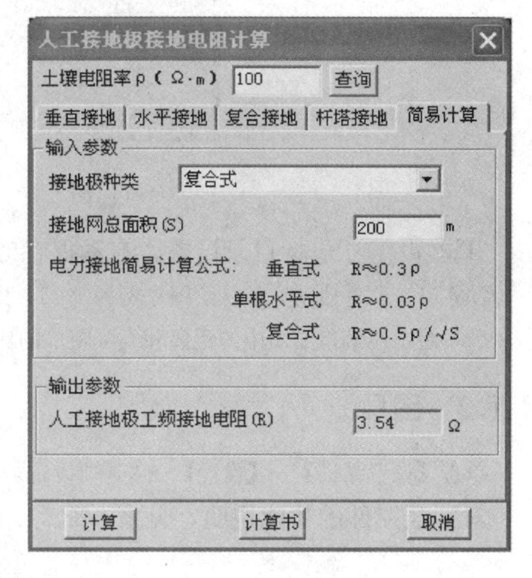

图7-40　“人工接地极接地电阻计算”对话框

包括垂直接地、水平接地、复合接地、杆塔接地和简易计算五个计算分项，通过界面上的【查询】按钮查询到规范相关的参数，按【计算】按钮，计算出结果，并可以通过【计算书】按钮可以生成Word格式的计算书，此计算书提供详细的计算过程。

第 8 章　绘图的通用工具

本章的通用工具包括常用工具和特色工具。常用工具是指经常用到的一些功能，例如，图层、文字等。特色工具是指根据使用者的反馈进行分析后，提供的某些特别实用的功能，例如，图纸比较、自动排图、批量打印等。

8.1　常用工具

8.1.1　环境设置

单击【设置帮助】→【设置】→【环境设置】，弹出如图 8-1 所示的对话框。

操作步骤：设置工作目录和系统自动存盘时间，设置绘图比例和出图比例。

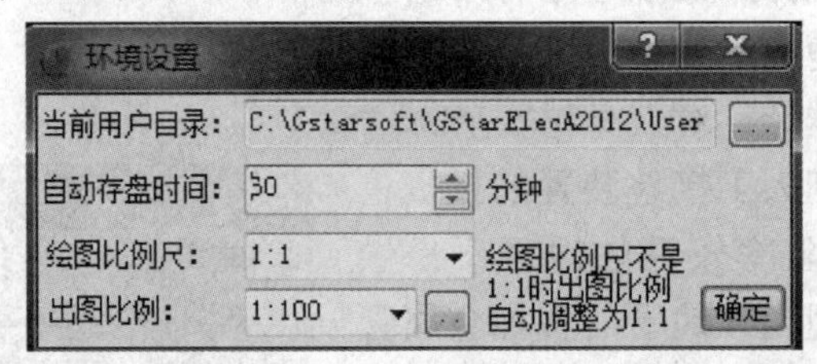

图 8-1　环境设置对话框

基本设定：包括目录设置，自动保存时间、绘图比例、出图比例设置。

注：(1) 软件启动后默认绘图比例为 1∶1，默认出图比例为 1∶100。

(2) 绘图比例指图面中的距离和实际距离的比值。

8.1.2　图层

单击【设置帮助】→【设置】→【选项设置】，弹出如图 8-2 所示的对话框。

对话框控件的功能说明，见表 8-1。

表 8-1　　对话框控件的功能说明

标题	功　　能
类别/图层关键字	图层关键字是系统用于对图层进行识别用的，不能修改
图层名	可以对提供的图层名称进行修改或者取当前图层名与图层关键字对应
颜色	可以修改选择的图层颜色，单击此处可输入颜色号或单击按钮进入界面选取颜色
线型	可以修改选择的图层线型，单击此处可输入线型名称或单击下拉列表选取当前图形已经加载的线型
备注	自己输入对本图层的描述

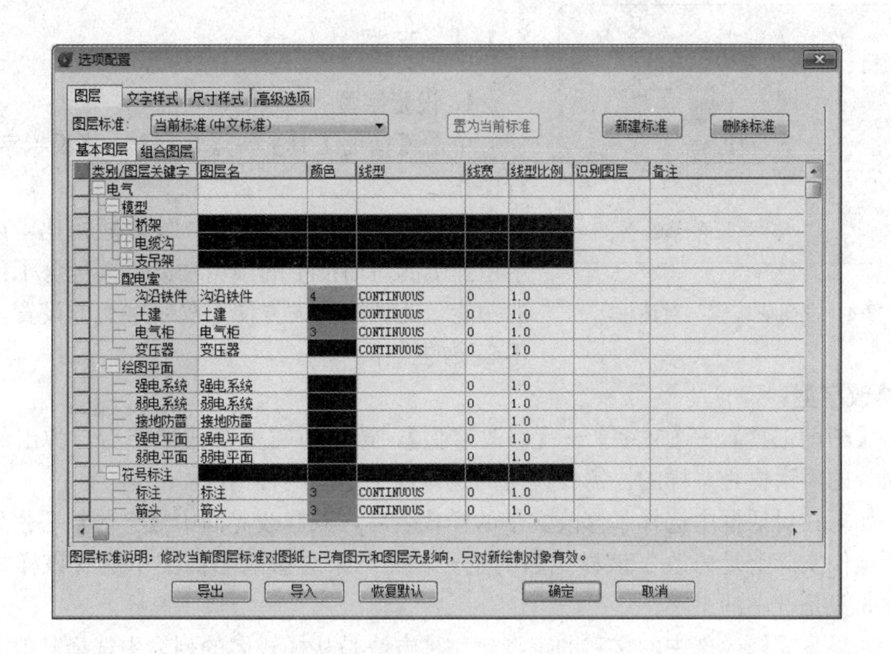

图 8-2 “选项配置”对话框

8.1.3 插入图框

单击【图库】→【图框框】，弹出如图 8-3 所示的对话框。

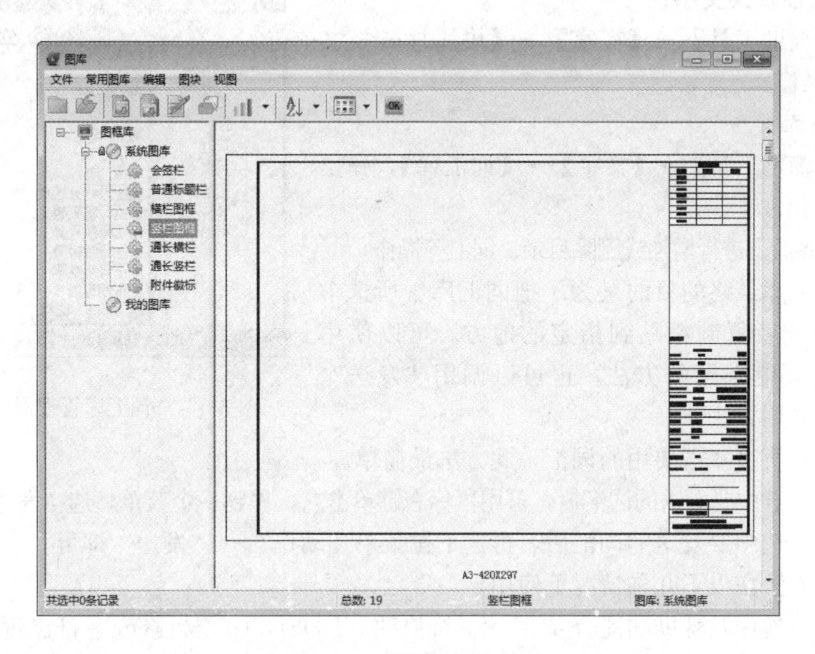

图 8-3 “图库”对话框

选中一种图框，单击【OK】，弹出如图 8-4 对话框，指定插入点，即可插入该图框。

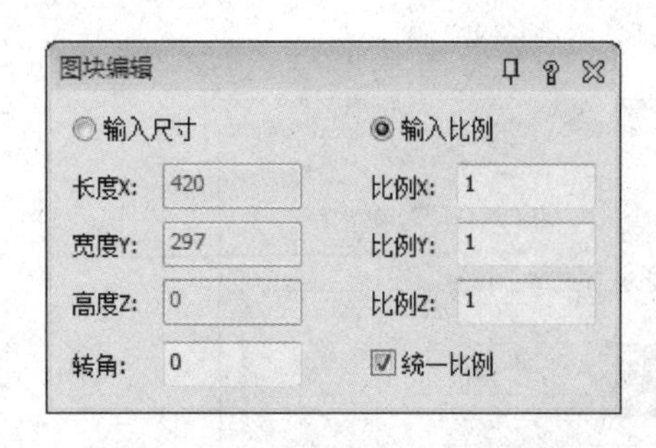

图 8-4 “图块编辑”对话框

8.1.4 文字

1. 设置字型

单击【辅助工具】→【文字】→【设置字型】，进行操作。

与 AutoCAD 的 Ddstyle 对话框相比，IDq 设置字型弹出的对话框中的预览功能直接包含了预览汉字的功能，此功能大大方便了汉字字型的设置，省去了不必要的操作。

2. 修改字型

单击【辅助工具】→【文字】→【修改字型】，选中所需要修改的字后，弹出的对话框和上个命令的对话框是一样的。需要说明的是，改字型有两种情况：

（1）如果在对话框中选择了修改文字的样式名后，只修改界面中【字体】一栏里的三项值，则此操作实际上是修改了该样式名的定义，此结果会影响当前图中所有该样式名的文字，而并非只是选中的文字。

（2）如果只需修改选中的文字的字型，一种方法是从样式名的列表中选择其他合适的样式名；另外一种方法是新建一个样式名，在字体栏中输入期望的文字字体。

3. 文字样式转换

单击【辅助工具】→【文字】→【文字样式转换】，可以一键即完成图面所有文字的正常显示，省去了不必要的操作。

4. 块属性转换文字

单击【辅助工具】→【文字】→【块属性转换文字】，进行操作。

5. 词汇库

单击【辅助工具】→【文字】→【词汇库】，弹出如图 8-5 所示的对话框。

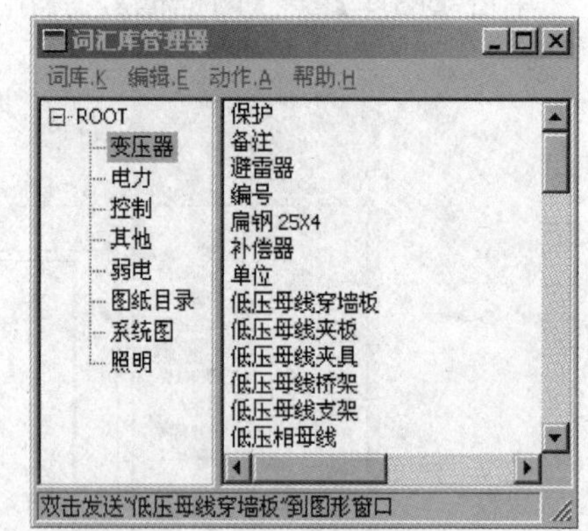

图 8-5 “词汇库管理器”对话框

可以在界面上进行增加或删除目录、词汇等操作。

建立词汇库最终的目的是为了把词汇库中所选中的词汇发送或者复制粘贴到指定的地方。可以使用 Windows 的复制粘贴的方法，也可以调用“发送”。有三种方式调用方法。

第一种：直接双击要用的词汇，此方法最简单。

第二种：选中要发送的词汇后，再用鼠标右键单击它，得到一个菜单，选“发送”即可。

第三种：选中要发送的词汇后，再选下拉菜单“动作”→“发送”即可。

发送的方法在以下几种情况下使用。

第一处：通用及辅助功能→文字→字符修改（DDEDIT），当修改字符出现如图 8-5 所示的对话框时，双击词汇库的词汇，将其发送到对话框的编辑框中。

第二处：通用及辅助功能→表格→表格填写，执行“表格填写”，选中要填写的表格单元，双击词汇库的词汇，将其发送到编辑框中。

第三处：通用及辅助功能→文字→单行文字 DTEXT、(多行文字 MTEXT)、TEXT。

注：如果在一台机器上建立的词汇库需要到其他机器上共享，只需拷贝×××\Datuse（×××为当前工作目录）的 Chkcksys.dat 文件，在其他机器的工作目录下建立同样的 Datuse 目录，粘贴此文件。

6. 文字编辑器

单击【辅助工具】→【文字】→【文字编辑器】，出现如图 8-6 所示的对话框。

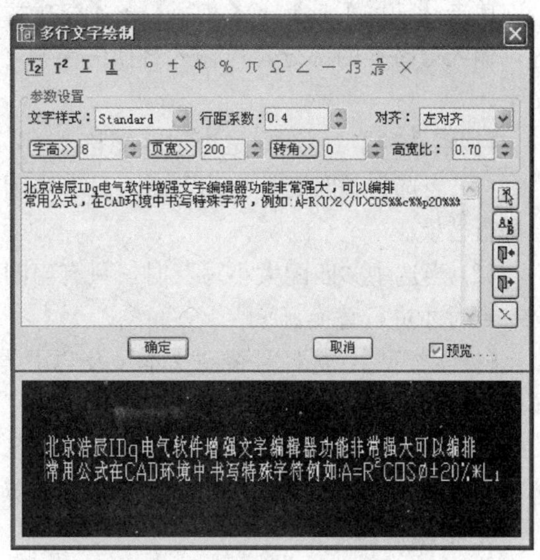

图 8-6　“多行文字绘制”对话框

【T_2】：下标，单击此按钮，下标开始的符号是“〈L〉”，结束符号是“〈/L〉”，开始符与结束符之间的文字为下标。例如 T_2 可输入为“T〈L〉2〈/L〉”。

【T^2】：上标，上标开始的符号是“〈U〉”，结束符号是“〈/U〉”。

【T】：下划线，下划线开始的符号是“〈S〉”，结束符号是“〈/S〉”，开始符与结束符之间的文字下方有下划线。

【T】：双下划线，双下划线开始的符号是“〈D〉”，结束符号是“〈/D〉”，开始符与结束符之间的文字下方有双下划线。

【°】：度数，例如 38°，击此按钮，插入一个“度数”标记“%%d”。

【±】：“±”符号，击此按钮，插入一个“±”标记“%%p”。

【Φ】：“Φ”符号，点击此按钮，插入一个“Φ”标记“%%c”。

【%】：百分号，点击此按钮，插入一个“%”标记“%%%”。

【π】：“π”符号，点击此按钮，插入一个“π”标记“π”。

【Ω】：“Ω”符号，点击此按钮，插入一个“Ω”标记“Ω”。

【—】：“—”符号，点击此按钮，插入一个横杠。

【√】：“√”符号，点击此按钮，插入一个“√”标记“√”。

【行距系数】：调整行间距，行距=行距系数×字高。

【字高】：在输入框输入字高，也可以单击【字高>>】按钮，到绘图区域选择已有文字的字高，此处的字高已经考虑了出图比例，是打印到图纸上的实际字高。

【页宽】：在输入框输入页宽，页宽控制了文字书写的横向范围，也可以单击【页宽>>】按钮从绘图空间测量已有的文字宽度范围修改，此处的页宽已经考虑了出图比例，是打印到图纸上的实际宽度。

【转角】：文字的角度可直接输入，也可点【转角>>】按钮从绘图空间测量已有的文字或图形的角度修改。

【高宽比】：文字的字高与字宽的比值。

【 】：从图形中拾取已有的文本，编辑修改。

【 】：查找/替换编辑框中的文字。

【 】：从外部文本文件导入文字，增强编辑器可以编辑已有的 txt 文本。

【 】：将已经编辑好的文字存为 txt 文件，可以利用文本文件导入功能导入后编辑。

7. 查找替换

单击【辅助工具】→【文字】→【查找替换】，可以选择全图或框选图中一部分文字内容，输入被替换的部分，再输入替换的字符，可进行文本替换，并且可替换属性块中的属性文字。

【搜索选项】：可选择是否“匹配整个词”及“匹配大小写”。

(1) 当选中“匹配整个词”时，只有当图中某行文字的整行内容与所查找文本相同时才会进行替换。

(2) 当选中“匹配大小写”时，只有当图中文字的字符与所查找文本中的字符大小写完全一致时才进行替换。

【搜索类型】：选择是否“文本”及“块属性”。当选中块属性时，会对图中属性块中的属性字进行替换。

【搜索范围】：可选择“全图”或“框选”。选中“全图”时对整个图面的文字进行替换，选中“框选”时，只对框选部分内容进行替换。

8. 前缀后缀

单击【辅助工具】→【文字】→【前缀后缀】，可以选择前缀或后缀，然后输入所添加字符串，在图面选择文字后，即可在每行文字的前面或后面添加上该字符串，如图 8-7 所示的对话框。

9. 文字递增

单击【辅助工具】→【文字】→【文字递增】，点取所需递增的字符（注：点取需要递增的字符就可以，例如有字符串“A 座二层 1 号"。点中 A 时，则按 B 座、C 座递增；点中二时，按三层、四层递增；点中 1 时，按 2、3 递增），如图 8-8 所示的对话框。

图 8-7　“文字添加前缀、后缀”对话框

图 8-8　“增量”对话框

【间距】和【数量】递增时可按间距或数量进行。例如，对于一个表格，需要在序号列递增。

(1) 若知道表格行数，只选中数量，直接在数量栏中输入行数，然后拖动鼠标至最后一行。

(2) 若表格行数很多，此时可只选中间距，然后点【->】按钮从图中提取行距，拖动鼠标至最后一行。

8.1.5　表格

单击【扩展工具】→【表格工具】，弹出如图 8-9 所示的对话框。

需要绘制的表格完全由直线和文字构成，编辑方式更加灵活，可以对表格进行拆分、合

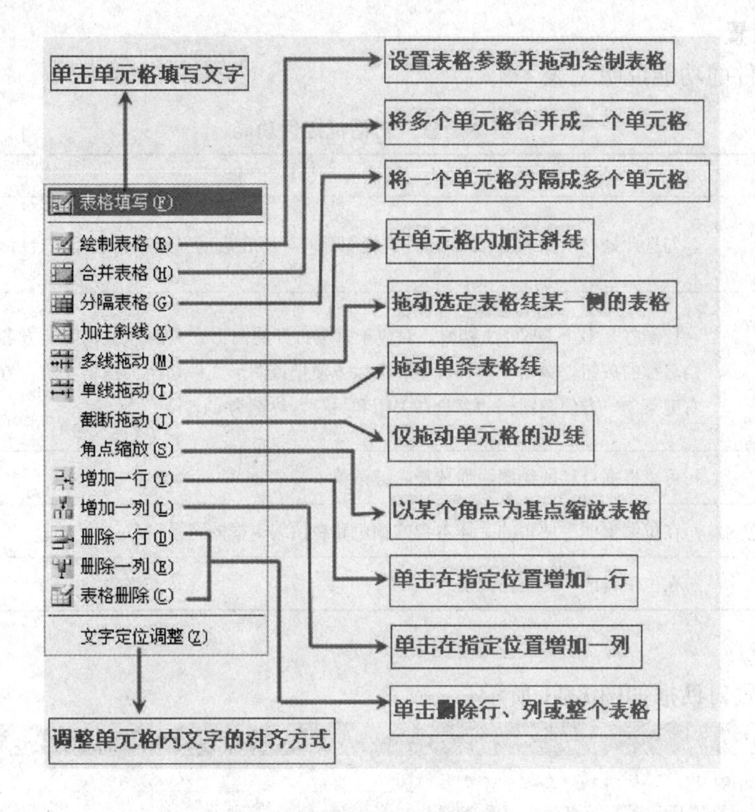

图 8-9　表格功能列表

并、绘制斜线。CAD 软件提供了 15 种表格相关的功能。

8.1.6　菜单、工具条、快捷键

单击【设置帮助】→【设置】→【自定义】，进行操作，如图 8-10 所示。

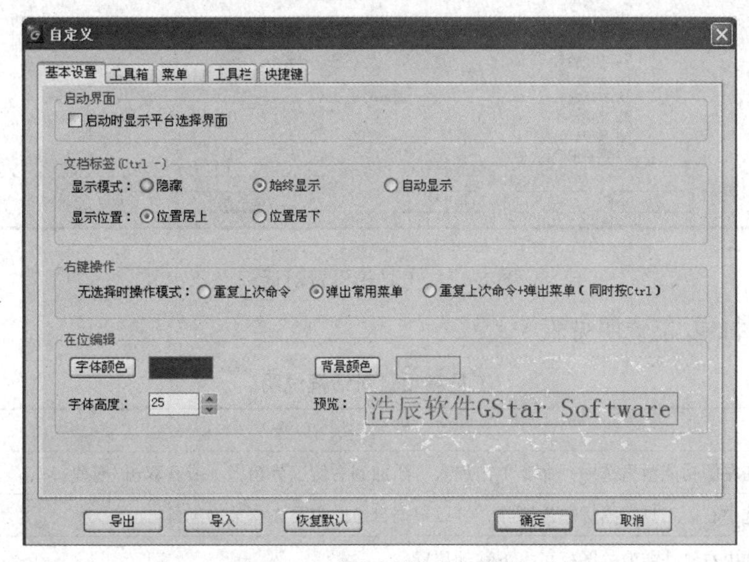

图 8-10　“基本设置”对话框

1. 基本设置

对话框控件的功能说明见表8-2。

表8-2 "基本设置"对话框控件功能

控 件	功 能
启动时显示平台选择界面	勾选此处，下次双击CAD软件快捷图标时，可在启动界面重新选择平台启动CAD软件
启用文档标签	控制打开多个DWG文档时，对应于每个打开的图形，在图形编辑区上方各显示一个标有文档名称的按钮，单击"文档标签"可以方便把该图形文件切换为当前文件，在该区域右击显示右键菜单，方便多图档的存盘、关闭和另存，热键为Ctrl−
右键操作	可以根据自己的绘图习惯选择右键菜单
字体和背景颜色	在位编辑框中使用的字体本身的颜色和在位编辑框的背景颜色
字体高度	在位编辑框中的字体高度

2. 工具箱

工具箱设置对话框如图8-11所示。

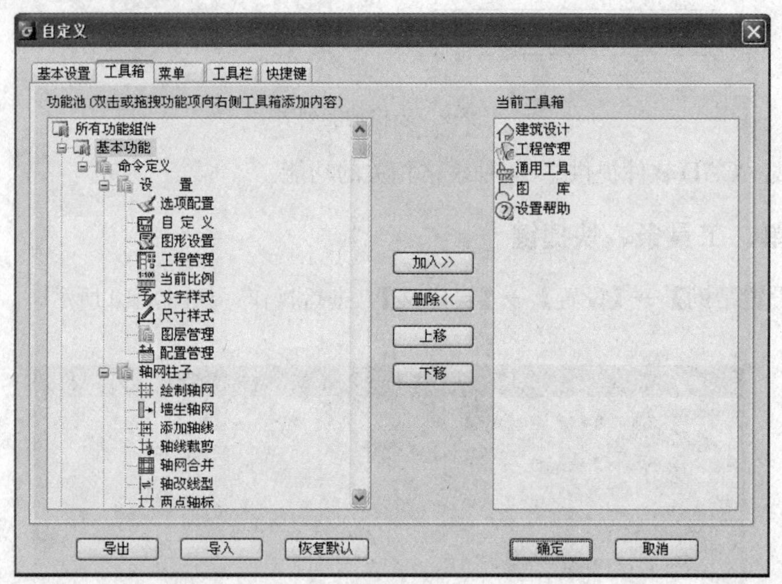

图8-11 工具箱设置对话框

对话框控件的功能说明见表8-3。

表8-3 工具箱设置对话框说明

控件	功 能
加入	在左侧功能池里选中一命令单击加入可添加到右侧工具箱里（或者双击/拖拽）
删除	选中右侧工具箱图标单击删除，可以根据自己的需要去掉某些工具
上/下移	选中右侧功能池的图标可上下移动位置

3. 菜单

菜单设置对话框如图 8-12 所示，基本操作同工具箱一致。

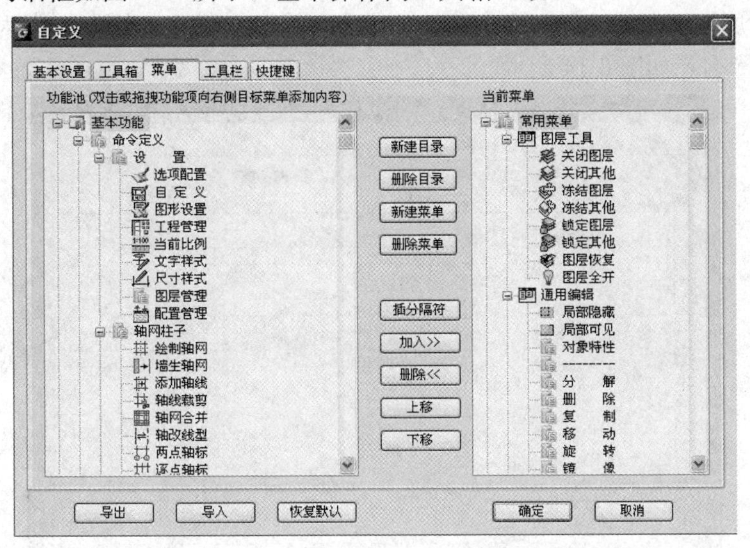

图 8-12　菜单设置对话框

4. 工具栏

工具栏设置对话框如图 8-13 所示。对话框控件的功能说明见表 8-4。

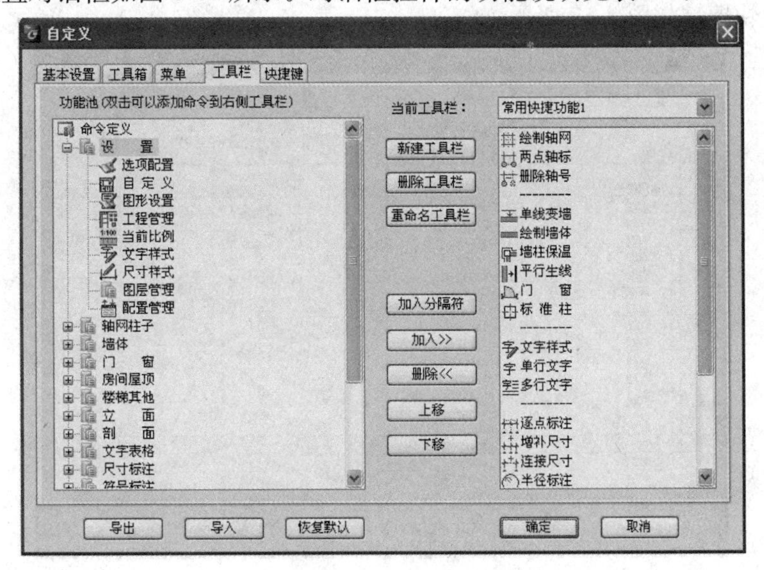

图 8-13　工具栏设置对话框

表 8-4　　**工具栏设置对话框说明**

控件	功　能
新建工具栏	可以根据自己需求与爱好添加新的工具栏
删除工具栏	删除已有的或新建的工具栏
重命名工具栏	对已有或新建的工具栏重命名
加入分隔符	命令之间加入分隔符方便识别、操作

注：其余操作类似菜单里的操作。

5. 快捷键

快捷键分为一键快捷与普通快捷键两类。

(1) 一键快捷：用 Del 键可以清除任何快捷键的定义，或者在命令名栏内修改需要一键快捷执行的命令名，如图 8-14 所示。

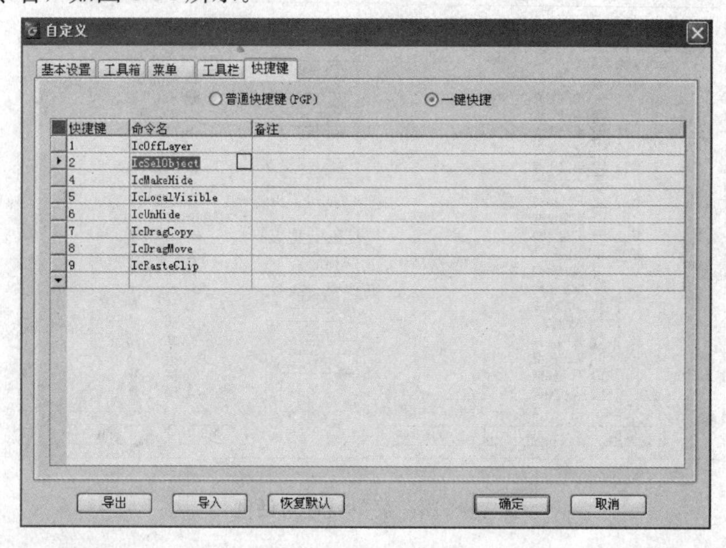

图 8-14 一键快捷设置对话框

(2) 普通快捷键如图 8-15 所示。

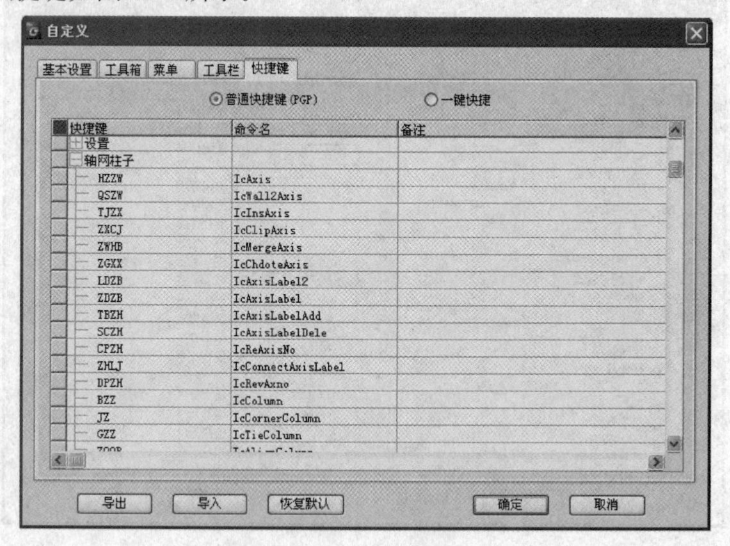

图 8-15 普通快捷键设置对话框

8.2 特色工具

8.2.1 标准图集

单击【图库】→【标准图集】，弹出如图 8-16 所示的对话框。

标准图集包括：①电气安装图；②二次原理图；③接线图；④基础图；⑤安装图；⑥变电所布置；⑦密闭变电所；⑧盘面布置；⑨典型案例；⑩110kV 标准图；⑪ 35kV 标准图；⑫ 66kV 标准图；⑬弱电标准图；⑭用户图库。

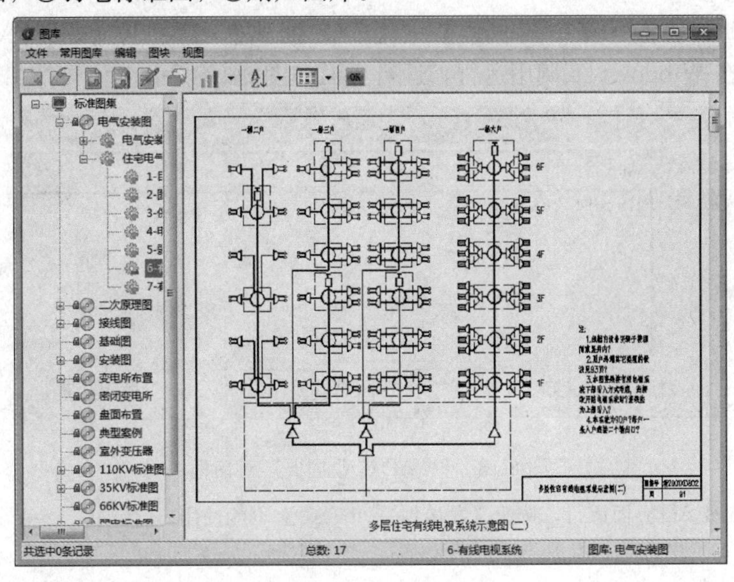

图 8-16　“图库”对话框

选中一种图纸，单击【OK】，指定插入点即可插入该图纸。

8.2.2　电气规范

软件提供了几十本设计手册和设计规范，并不断跟踪修改，提供最新的资料。包括资料图库、规范和设计手册、厂家样本等，并且把各种资料整理归纳，方便设计参考。

单击【设置帮助】→【帮助】→【规范查询】，弹出如图 8-17 所示的对话框。

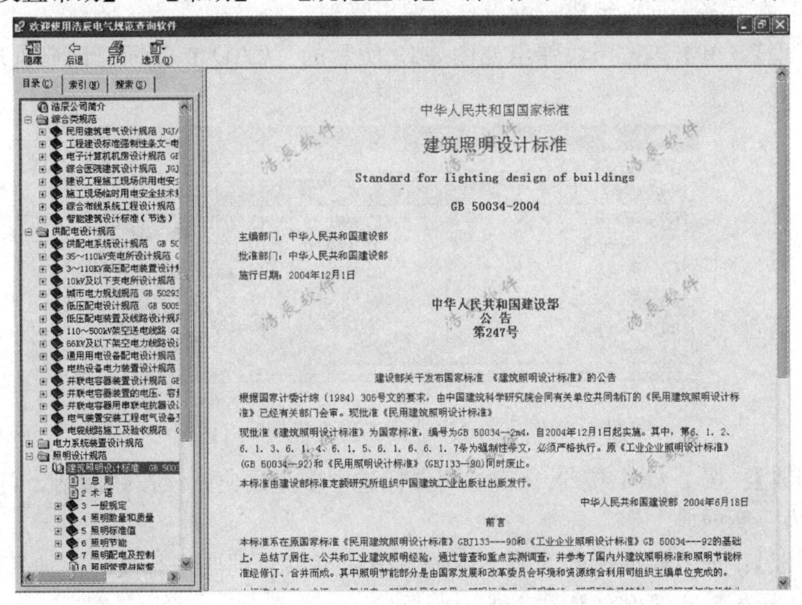

中华人民共和国国家标准

建筑照明设计标准

Standard for lighting design of buildings

GB 50034-2004

主编部门：中华人民共和国建设部

批准部门：中华人民共和国建设部

施行日期：2004年12月1日

中华人民共和国建设部
公 告
第247号

建设部关于发布国家标准《建筑照明设计标准》的公告

根据国家计委计综〔1984〕305号文的要求，由中国建筑科学研究院会同有关单位共同制订的《民用建筑照明设计标准》已经有关部门会审。现批准《民用建筑照明设计标准》

现批准《建筑照明设计标准》为国家标准，编号为GB 50034—2004，自2004年12月1日起实施。其中，第6.1.2、6.1.3、6.1.4、6.1.5、6.1.6、6.1.7条为强制性条文，必须严格执行。原《工业企业照明设计标准》(GB 50034—92)和《民用照明设计标准》(GBJ133—90)同时废止。

本标准由建设部标准定额研究所组织中国建筑工业出版社出版发行。

中华人民共和国建设部 2004年6月18日

前言

本标准系在原国家标准《民用建筑照明设计标准》GBJ133—90和《工业企业照明设计标准》GB 50034—92的基础上，总结了居住、公共和工业建筑照明经验，通过普查和重点实测调查，并参考了国内外建筑照明标准和照明节能标准经修订、合并而成。其中照明节能部分是由国家发展和改革委员会环境和资源综合利用司组织主编单位完成的。

图 8-17　“规范查询”对话框

8.2.3 中英术语

1. EXE词典

单击【辅助工具】→【中英术语】→【EXE 词典】，路径为\idq50\adsbin\CadDic.exe，可以在Windows下调用运行，运行界面如图8-18所示。

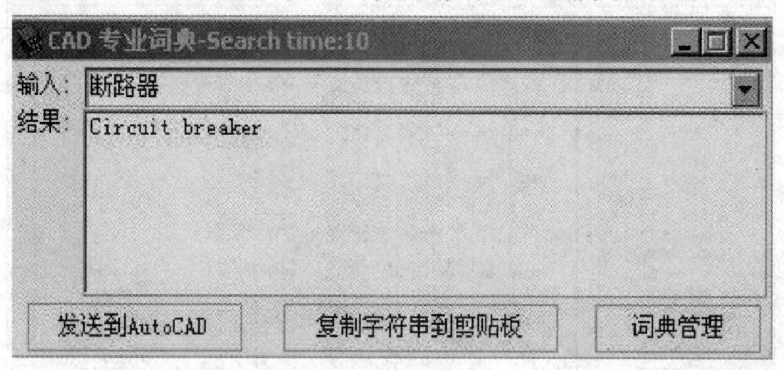

图8-18 "CAD专业词典"对话框

注：脱离AutoCAD界面运行，按钮【发送到AutoCAD】不能使用。

2. 词典

单击【辅助工具】→【中英术语】→【词典】，在此界面中弹出对话框，在"输入"窗口，可输入待查的中文或者英文，在"结果"中自动对应到匹配的译文。然后点击【发送到AutoCAD】可将当前选中的查询结果发送到AutoCAD命令行，如写文字时：

Current text style："*IDQSTYLE*" *Text height*：76.3846

Specify start point of text or【*Justify/Style*】：

Enter text：*Circuit breaker*

【复制字符串到剪贴板】：将当前选中的查询结果复制到剪贴板中。

专业词汇库由多个词典组成，可以自行编辑管理。

【词典管理】：单击该按钮，弹出如图8-19所示的"CAD专业词汇词典管理"对话框，此对话框中：

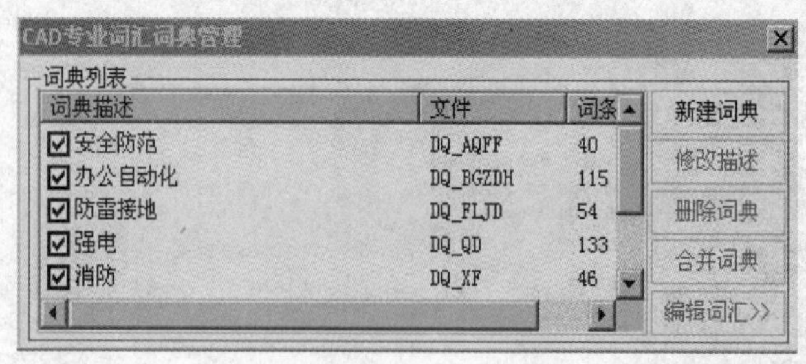

图8-19 "CAD专业词汇词典管理"对话框

【合并词典】：按下Ctrl或Shift键，用鼠标选中多个词典，该按钮激活，可以将所选中的词典合并为一新词典。

【编辑词汇】：选中要编辑的词典，单击该按钮可以对词典进行【词汇加入】、【词汇删除】、【从文件导入】和【保存】等功能。

3. 单个替换

单击【辅助工具】→【中英术语】→【单个替换】。

屏幕提示：

选择替换的文本实体〈回车结束〉：

鼠标拾取图纸上的要查询或替换的词，弹出如图 8-20 所示的“词汇单个替换”对话框。

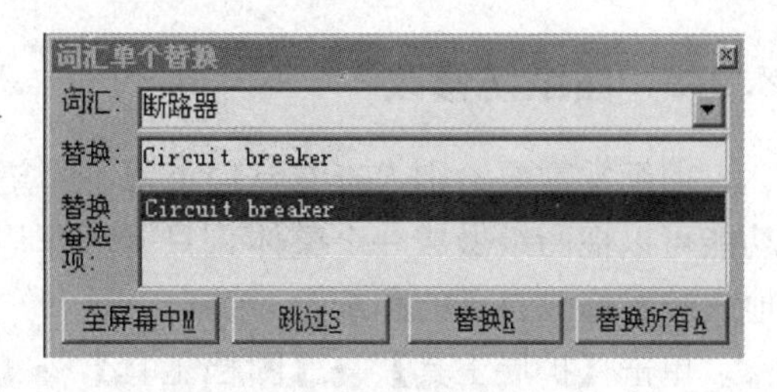

图 8-20　“词汇单个替换”对话框

“替换备选项中”为对应的翻译词汇，若为空，则说明词汇库中无该词。

选择“替换备选项”中词汇至“替换”编辑框中，或直接在“替换”编辑框中输入替换词汇。

【至屏幕中】：将图纸中当前词移至屏幕中间。

【跳过】：跳过该词，选中下一词，准备替换。

【替换】：替换当前所选中词。

【替换所有】：替换当前图中所有该词。

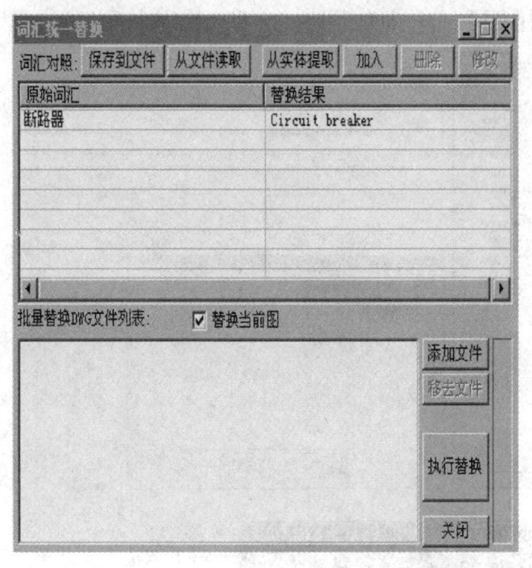

图 8-21　“词汇统一替换”对话框

4. 统一替换

点击【辅助工具】→【中英术语】→【统一替换】，弹出如图 8-21 所示的“词汇统一替换”对话框。

【从实体提取】：从当前图纸中提取要进行查询替换的词汇，替换结果中自动显示其翻译结果，若无，则为空，可以自输入替换结果。

【加入】：加入一新的词汇列表行。

【修改】：修改选中词汇列表行的内容。

【保存到文件】：将当前词汇列表保存为文件格式，文件名后缀为“. dzb”。

【从文件读取】：打开 dzb 文件，读出原来存储的对照列表。

【添加文件】：添加要进行替换的图纸至【批量替换 DWG 文件列表】。

【移去文件】：从【批量替换 DWG 文件列表】中移去不进行替换的文件。

【执行替换】：从【批量替换 DWG 文件列表】的所有图纸中，按词汇列表内容执行替换，若【替换当前图】为选中状态，则也替换当前图中词汇。

8.2.4　信息查询

单击【辅助工具】→【信息查询】。

屏幕提示：

选择对象：

这时只需选择设备或电缆，即可显示当前设备的赋值信息。

8.2.5 图纸防修改

图纸常常要给别人查看，但谁都不希望别人在查看自己图纸同时进行修改。图纸防修改功能可以把图纸做成一个整体，只能对该整体进行操作，不能具体编辑图中图元，这能防止他人故意修改自己的图纸。

单击【扩展工具】→【图档工具】→【图纸防修改】，软件提示选择对象，只需选择全部图中实体。

注：经该操作处理后的图纸将不可再编辑，在使用此功能前请先备份原图。

8.2.6 图纸比较

单击【辅助工具】→【图纸比较】，只要选择两张需要进行比较的图纸，程序会自动分析两张图纸的不同，自动打开这两张图，并将不同之处在新旧两张图中用颜色进行标识。还可以点取“选项”按钮对标识颜色进行设置。

8.2.7 自动排图

单击【扩展工具】→【打印工具】→【自动排图】，出现如图 8-22 所示的对话框。

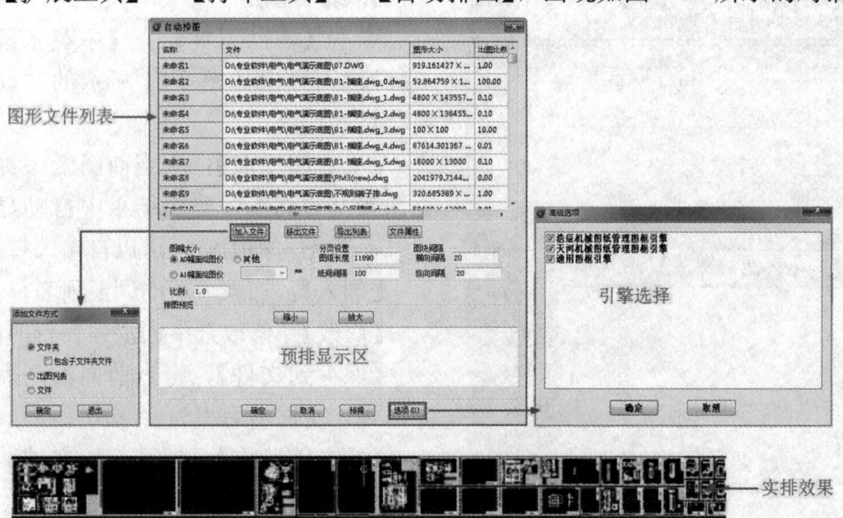

图 8-22 “自动排图”对话框

8.2.8 批量打印

单击【扩展工具】→【打印工具】→【批量打印】，进行操作。

8.2.9 增强表格

单击【扩展工具】→【增强表格】，进行操作。

8.2.10 块处理

对 AutoCAD 来说，如果需要修改块的某些特性，必须先将此块炸碎，然后修改其特性，再以同名块重新定义和保存。本功能无需这些操作，和 AutoCAD 的 Change 命令类似，可直接对块体进行修改。

1. 块颜色修改

单击【辅助工具】→【块处理】→【块颜色修改】，选取要修改颜色的块，可点选也可开窗口选。

注：由于 AutoCAD 的特点，只要用本功能修改当前图中一个块的颜色，当前图其他同名块的颜色实际也都被修改了，且下次再插入此块时，插入的也是改过颜色后的块。

2. 块线宽修改

单击【辅助工具】→【块处理】→【块线宽修改】，选取要修改线宽的块，可点选也可开窗口选。

注：由于 AutoCAD 的特点，只要用本功能修改当前图中一个块的线宽，当前图其他同名块的线宽实际也都被修改了，且下次再插入此块时，插入的也是改过线宽后的块。

3. 字角度修改

单击【辅助工具】→【块处理】→【字角度修改】。

屏幕提示：

块体文字角度修改=bChgAng

请输入新文字角度（带@为相对）〈0〉：输入新的角度。

此处的文字角度输入有些特殊，如果输入绝对值，和其他修改功能一样；但如果输入相对值，则所选块的文字角度不会互相影响。

举个例子：如果在当前图中插入在墙上的插座是带文字的，则文字的角度相对于坐标系来说各个角度均有，由于是一个块，无法通过修改块的文字角度来使所有的插座的文字角度均为0°。此时用本功能，只要在此处输入@0，即可使所选块的文字角度为0°，且相互之间没有影响。

请选择需修改文字角度的块：

Select objects：

选取要修改文字角度的块，可以点选也可开窗口选。

注：（1）输入角度时输入绝对角度，由于 AutoCAD 的特点，当前图其他同名块的文字角度实际也都被修改了，且下次再插入此块时，插入的也是改过文字角度后的块。

（2）输入相对角度（带@），则当前图中的块不会互相影响。

（3）尤为方便的是，用相对值对块做完修改后，统计时仍属于同一个块。

4. 字高度修改

单击【辅助工具】→【块处理】→【字高度修改】，选取要修改文字高度的块，可点选也可开窗口选。

注：由于 AutoCAD 的特点，只要用本功能修改当前图中一个块的文字高度，当前图其他同名块的文字高度实际也都被修改了。

5. 块图层修改

单击【辅助工具】→【块处理】→【块图层修改】，将图块中的实体全部设置在同一个图层上（一般设置在0层），这样可以在插入图块时，减少设置的图层数量，也可以在关闭图层时，即关闭图块所在图层，否则需要关闭所有涉及的图层。

6. 统计块数量

单击【辅助工具】→【块处理】→【统计块数量】，可以统计当前图，也可以统计多张图，选择多张图的时候界面有所变化，如图 8-23 和图 8-24 所示。

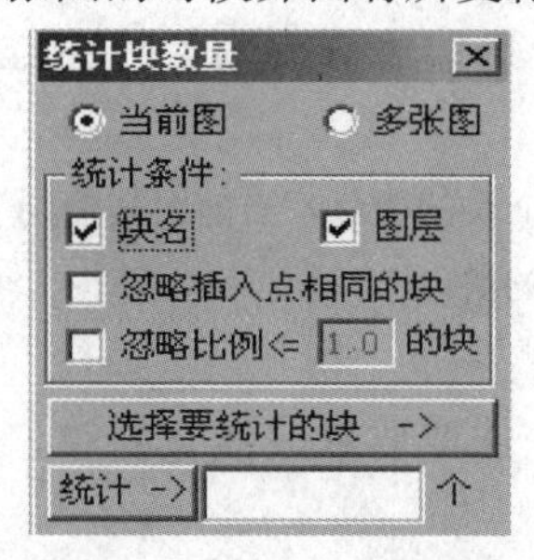

图 8-23　当前图统计块数量对话框

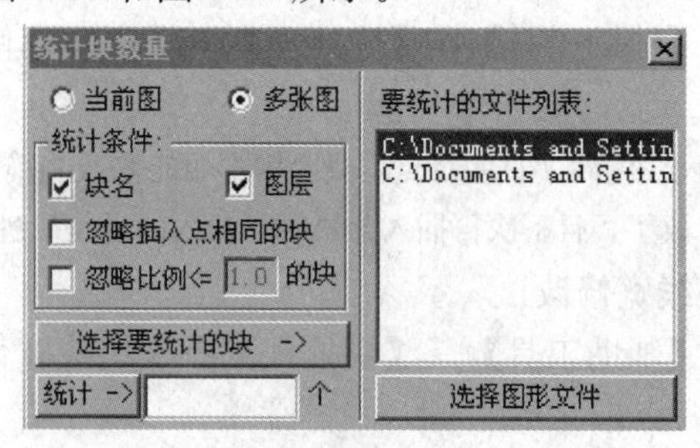

图 8-24　多张图统计块数量对话框

【块名】：按块名统计数量。

【图层】：按块所在的图层统计数量。

【忽略插入点相同的块】：两个块重合到一起了，又不知道，这时程序会自动处理这一情况，把两个插入点相同的块只统计成一个。

【忽略比例＜（1.0）的块】：图块比例小于或者等于设定值时，程序自动处理这些图块不计入统计范围之内。

【选择要统计的块】：当确定好上面的统计条件后，用此按钮来选择要统计的块。

第 9 章 BIM(建筑信息模型)概论

近几年来，BIM（Building Information Modeling，建筑信息模型）越来越为国内外研究专家与工程技术人员所密切关注。《2011－2015 年建筑业信息化发展纲要》已经明确将 BIM 纳入其中，希望通过 BIM 的应用促进我国建筑业信息化的发展。

随着中国经济的可持续增长、城镇化的快速发展，工程建设项目的规模日趋增大，工程设计任务不断加重，施工过程日益复杂，这就增加了建筑业的设计难度、施工难度。与此同时，建筑业为适应快速发展的需要必须解决好两大问题，一是技术和管理水平落后，特别是设计单位与施工单位的技术水平低下，不能满足建筑业快速发展的要求；二是存在资源浪费现象，经常会出现因需要重新设计、待工、窝工、返工而产生的一系列问题。因此，工程建设行业对 BIM 技术的应用需求与日俱增，借助信息技术来实现我国建筑业的跨越式发展和提高生产效率已成为建筑业的首要任务，而 BIM 技术的应用和基于 BIM 技术的专业应用软件的开发、推广成为建筑业转型升级的重要有效手段。

9.1 BIM 基础知识

9.1.1 BIM 的定义

通常来讲，BIM（建筑信息模型）的定义包括以下三个组成部分：

（1）BIM 是一个工程建设项目物理和功能特性的数字表达。

（2）BIM 是一个共享的知识资源，分享有关建筑设施的信息，为建筑生命周期中的所有决策提供可靠依据的过程。

（3）在项目的不同阶段，不同利益相关方通过在 BIM 中插入、提取、更新和修改信息，以支持和反映其各自职责的协同作业。

不同的组织机构对 BIM 亦有不同注解与定义。

（1）Autodesk 的定义。BIM（建筑信息模型），是指建筑物在设计和建造过程中，创建和使用的"可计算数字信息"。而这些数字信息能够被程序系统自动管理，使得经过这些数字信息所计算出来的各种文件，自动地具有彼此吻合、一致的特性。

（2）国际标准组织设施信息委员会（Facilities Information Council）的定义。BIM（建筑信息模型），是在开放的工业标准下对设施的物理和功能特性及其相关的项目生命周期信息的可计算或可运算的形式表现，从而为决策提供支持，以便更好地实现项目的价值。

（3）中国住房和城乡建设部的定义。BIM（建筑信息模型），是一种应用于工程设计、建造、管理的数据化工具，通过参数模型整合各种项目的相关信息，在项目策划、运行和维护的全生命周期过程中进行共享和传递，使工程技术人员对各种建筑信息作出正确理解和高效应对，为设计团队以及包括建筑运营单位在内的各方建设主体提供协同工作的基础，在提高生产效率、节约成本和缩短工期方面发挥重要作用。

(4) 百度百科的定义。BIM（建筑信息模型），是以三维数字技术为基础，集成了建筑工程项目各种相关信息的工程数据模型，是对该工程项目相关信息的详尽表达。BIM（建筑信息模型）是数字技术在建筑工程中的直接应用，以解决建筑工程在软件中的描述问题，使设计人员和工程技术人员能够对各种建筑信息做出正确的应对，并为协同工作提供坚实的基础。

BIM（建筑信息模型）同时又是一种应用于设计、建造、管理的数字化方法，这种方法支持建筑工程的集成管理环境，可以使建筑工程在其整个进程中显著提高效率和大量减少风险。

(5) 维基百科的定义。Building Information Modeling (BIM) is the process of generating and managing building data during its life cycle. Typically it uses three-dimensional, real-time, dynamic building modeling software to increase productivity in building design and construction. The process produces the Building Information Model (also abbreviated BIM), which encompasses building geometry, spatial relationships, geographic information, and quantities and properties of building components.

(6) BIM的层级。BIM包含四个层级，自下而上分别为数据层、模型层、应用层、接口层，如图9-1所示。

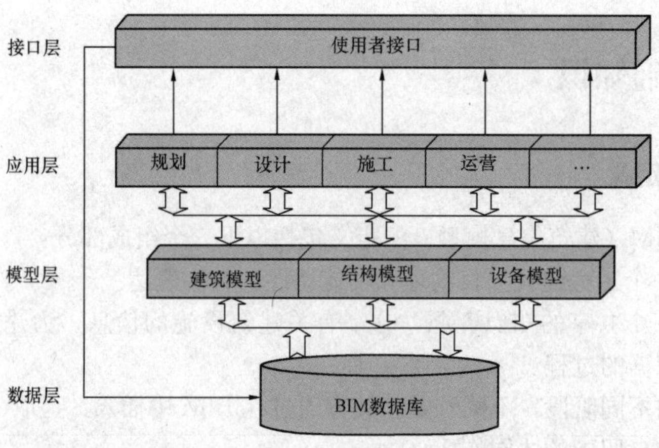

图9-1 BIM的层级

1) 数据层。数据层对建筑信息进行数字化的表达与管理。传统的CAD技术利用点、线、面等基本图形作为信息载体，而BIM技术采用面向对象的数据组织形式。与传统的由点、线、面集合在一起的建筑平面图相比，BIM承载了更加丰富的信息，使建筑信息在建筑生命周期中的不同阶段、不同部门、不同专业之间进行共享与交互。例如，传统中建筑师用两条平行的线段表示墙体，而BIM设计师则能够创建出一个墙体类的实例，在此实例中包含了位置、尺寸、组成和材料等相关属性。

2) 模型层。包括建筑模型、结构模型、设备模型。模型层能够将不同专业的建筑信息整合在同一个建筑模型中，并根据需要提取特定专业的相关信息。将建筑与结构的专业信息提取出来，供结构设计师分析受力情况是一项最常见的应用。另一个非常重要的应用是将建筑模型、结构模型和设备模型（包括电气、给排水、暖通等专业）整合在一起，进行智能碰撞检测。

3）应用层。应用层则是集成了具有特定功能的建筑信息模型的应用程序。人们利用可读性高的数据，通过根据需求而专门开发的应用程序来对建筑信息模型的数据进行统计、分析。例如 BIM 模型的三维展示、漫游、节能模拟、施工进度管理、工单管理等，都是可以开发的应用层的功能。

4）接口层。接口层实现了使用者与建筑信息模型之间的交互，将计算机可读取的建筑信息转化成使用者可读的信息，同时又可以将使用者描述的信息转化为计算机可读取的信息，方便建筑生命周期过程中的所有参考者在整个建筑生命周期内读取信息、管理信息。

9.1.2　BIM 的诞生

在 BIM 产生和普及应用之前及其过程中，建筑业已经使用了不同种类的数字化及相关技术和方法，包括 CAD、可视化、参数化、CAE、GIS、协同、BLM、IPD、VDC、精益建造、流程、游戏、互联网、移动通信、RFID 等。

1. 建筑描述系统（Building Description System，BDS）

1975 年，美国乔治亚理工学院建筑与计算机专业的恰克·伊士曼（Chuck Eastman）博士提出“Building Description System”的概念，他的研究包括现在的 BIM 概念：建筑信息模型整合了几何模型信息、建筑的功能及能力要求、建筑的施工进度、建造工艺以及一系列建筑在全生命周期中所需的信息。恰克·伊士曼博士被人们称作 BIM 之父。

2. 虚拟建筑模型（Virtual Building Model，VBM）

1982 年，匈牙利 Graphisoft 公司提出“Virtual Building Model”的技术概念，并于 1984 年推出了专门面向建筑工程设计的 ArchiCAD 软件。VBM 技术可以看作是 BIM 技术的最早描述，但由于受到当时的计算机硬件条件的局限，没有被推广，发展较为缓慢。

同时，也有芬兰的学者研发出“Product Information Model”系统。

3. 建筑模型（Building Modeling，BM）

1986 年，美国 GMW 计算机公司的罗伯特·艾什（Robert Aish）提出“Building Modeling”的概念，包括三维建模、自动成图、智能参数化组件、关系数据库、实时施工进度计划模拟等。并通过 RUCAPS 软件系统对伦敦西罗斯机场 3 号航站楼改造项目的分析表达了“建筑模型”概念。

4. 建筑信息模型（Building Information Modeling，BIM）

2002 年，美国 Autodesk 公司提出建筑信息模型（Building Information Modeling，BIM）的全新概念，并推出 Revit 等系列软件产品。

进入 21 世纪后，BIM 研究和应用得到突破性进展。随着计算机软硬件水平的迅速发展，全球三大建筑软件开发商（Autodesk、Bentley、Graphisoft）都推出了自己的 BIM 软件。

9.1.3　BIM 的特点

1. 可视化

可视化即“所见所得”的形式。可视化的运用在建筑业的作用是非常大的，可以让人们将以往的线条式的构件形成一种三维的立体实物图形来展示在人们的面前。BIM 提供的可视化是一种能够同构件之间形成互动性和反馈性的可视，整个过程都是可视化的。所以，可视化的结果不仅可以用于效果图的展示及报表的生成，更重要的是，工程建设项目的设计、建造、运营过程中的沟通、讨论、决策都在可视化的状态下进行。

2. 协调性

不管是施工单位，还是业主及设计单位，无不在做着协调及相配合的工作。在设计一个工程建设项目时，往往由于各专业设计师之间的沟通不到位而出现各种专业之间的碰撞问题，BIM可以在建筑物建造前期对各专业的碰撞问题进行协调，生成协调数据，提供出来。此外，BIM的协调作用还表现在很多方面，例如，电梯井布置与其他设计布置及净空要求之协调，防火分区与其他设计布置之协调，地下排水布置与其他设计布置之协调等。

3. 模拟性

模拟性并不是只能模拟设计出的建筑物模型，还可以模拟不能够在真实世界中进行操作的事物。在设计阶段，BIM可以对设计上需要进行模拟的一些东西进行模拟实验，例如节能模拟、紧急疏散模拟、日照模拟、热能传导模拟等；在招投标和施工阶段可以进行4D模拟（三维模型加项目的时间进度），也就是根据施工的组织设计模拟实际施工，从而来确定合理的施工方案指导施工。同时还可以进行5D模拟（基于4D模型的造价控制），实现成本控制；后期运营阶段可以模拟日常紧急情况的处理方式，例如，地震人员逃生模拟及消防人员疏散模拟等。

4. 优化性

事实上整个设计、施工、运营的过程就是一个不断优化的过程，优化受制于信息、复杂程度和时间三个方面的制约。BIM提供建筑物实际存在的信息，包括几何信息、物理信息、规则信息，还提供建筑物变化以后的实际存在。现代建筑物的复杂程度大多超过参与人员本身的能力极限，BIM及与其配套的各种优化工具提供了对复杂项目进行优化的可能。BIM的优化性主要体现在以下几点：

（1）项目方案优化。把项目设计和投资回报分析结合起来，设计变化对投资回报的影响可以实时计算出来；这样业主对设计方案的选择就不会主要停留在对形状的评价上，而更多地可以使得业主知道哪种项目设计方案更有利于自身的需求。

（2）特殊项目的设计优化。例如裙楼、幕墙、屋顶、大空间到处可以看到异形设计，这部分内容占投资和工作量的比例和前者相比却往往要大得多，而且通常也是施工难度比较大和施工问题比较多的地方，对这部分内容的设计施工方案进行优化，能够带来显著的工期和造价改进。

5. 可出图性

BIM并不是为了出人们日常多见的、建筑设计院所出的建筑工程设计图纸及一些构件加工的图纸，而是通过对建筑物进行了可视化展示、协调、模拟、优化以后，可以帮助业主出如下图纸。

（1）综合管线图（经过碰撞检查和设计修改，消除了相应错误以后）。

（2）综合结构留洞图（预埋套管图）。

（3）碰撞检查侦错报告和建议改进方案。

9.1.4 BIM 的价值

1. BIM 给建筑业带来了一次信息革命

BIM 带来的革命如图 9-2 所示。

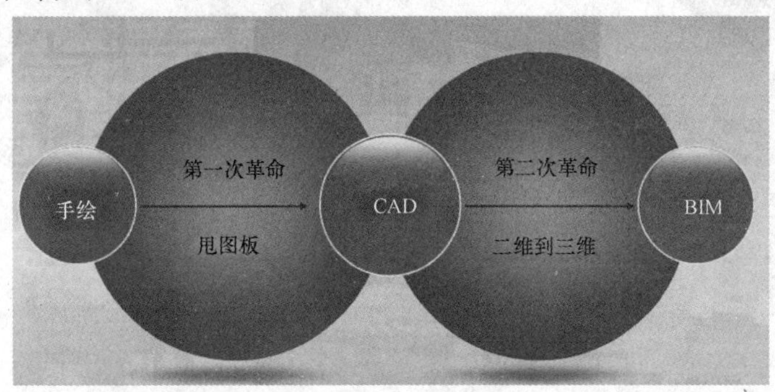

图 9-2　BIM 的革命

BIM 能够保证各类建筑信息在规划、设计、建造、运营等全过程中的传递、共享与交互，在 CAD 技术之后给建筑业带来一次全新的信息革命，更为重要的是，BIM 将改变建筑生命周期内的各个部门各个专业的工作模式并极大地提高工作质量和效率。

例如在设计方面，基于 BIM 的建筑工程设计是一种螺旋式的智能化设计过程，具有以下优点：

（1）利用建筑语言，集中精力在核心建筑工程设计思考。

（2）建筑图纸文档生成及修改维护简单，关联修改可自动避免图纸设计过程中平、立、剖之间可能产生不一致的低级错误。

（3）设计协同方式更灵活、更简单快捷，内嵌的大型数据库支持多人在同一建筑数据模型下实施团队设计。

（4）设计及应用上可视化，可以清晰分析了解设计可能产生的瑕疵。

（5）可以直接用于各类专业分析软件。

（6）BIM 建筑工程设计不仅是一个模型，也是一个完整的数据库。可以自动生成各种报表，工程进度，及概预算等。

（7）具有强大的可视化虚拟建筑展示功能及分析功能。

2. BIM 在建筑生命周期中的地位

BIM 在建筑生命周期中地位如图 9-3 所示。

BIM 将各种建筑信息融合成一个整体，贯穿于建筑生命周期的全过程，并在整个建筑生命周期中起到了重要的纽带作用。在设计阶段，BIM 将建筑、结构、设备三个专业有机地协同在一起；在施工阶段，BIM 将设计阶段的信息无损失地传递给施工方，促进了施工方与设计方的沟通；在运营阶段，BIM 能够为管理者提供了大量的原始信息和图纸数据，辅助管理决策的制定。

3. BIM 肩负着建筑业未来发展的历史使命

BIM 的使命如图 9-4 所示。

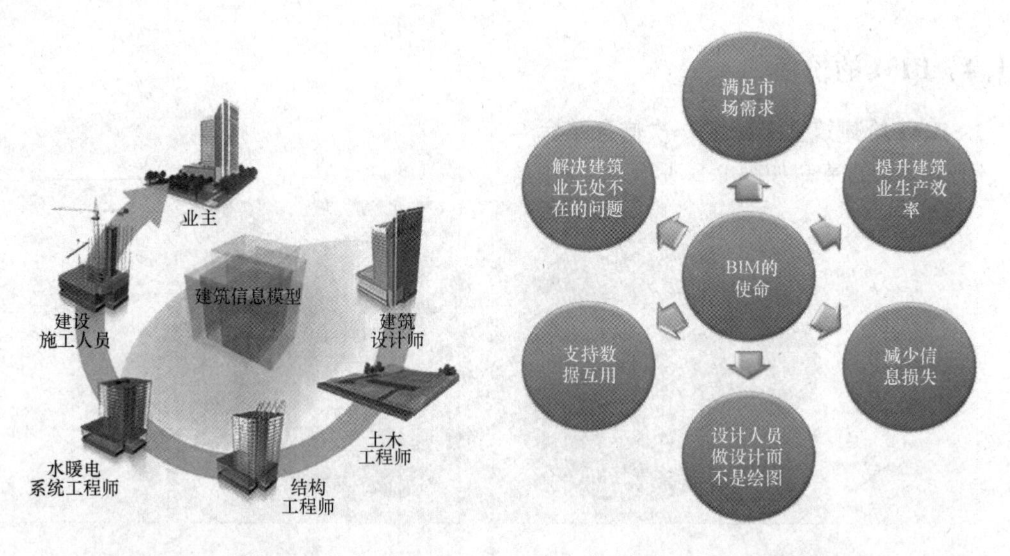

图 9-3　BIM 的地位　　　　图 9-4　BIM 的使命

BIM 在设计方面的突出贡献主要表现在：节省设计时间、减少设计错误、提高设计质量、优化项目进度等，使设计工作更加充满乐趣。更为重要的是，BIM 能够为建筑业的未来发展带来巨大的效益，直接促进建筑业各领域的全新变革，将使建筑业的思维模式及习惯方法产生深刻的变化，促使设计、施工、营运的全过程产生新的组织方式和新的行业规则。

4. BIM 提供统一技术标准

BIM 提供统一技术标准，实现各部门各专业之间的建筑信息共享与转换如图 9-5 所示。

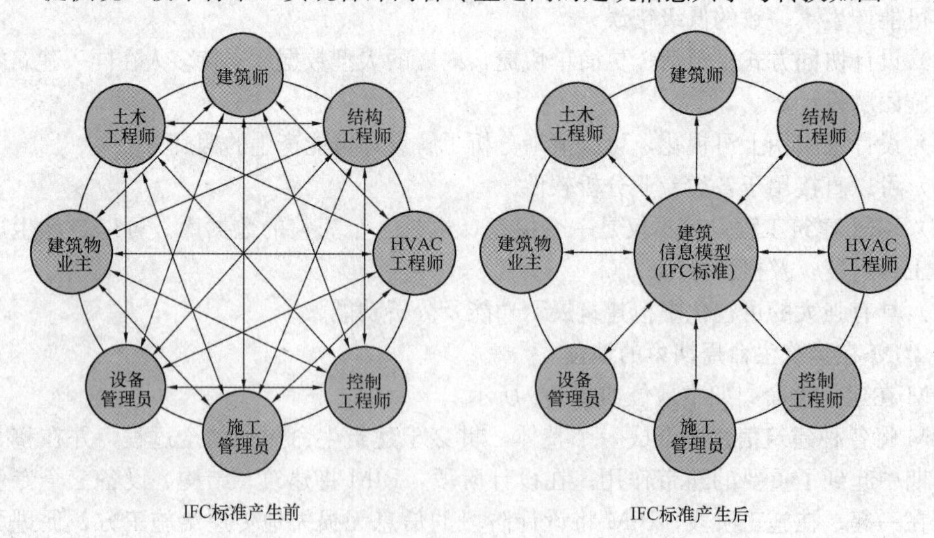

图 9-5　BIM 提供统一技术标准

在基于 BIM 技术的 IFC 标准产生前，各部门各专业的建筑信息传递是“点对点”的，每两个专业之间就要建立一套相对独立的数据转换标准，一个专业要与多个专业之间进行数据交换就要建立多个数据转换标准（如图 9-5 所示的左侧内容）。而 IFC 标准就解决了建筑信息在各专业之间共享与转换的问题，它通过一套技术标准将不同专业链接在一起，支持

IFC标准的专业工具可相互转换数据。

9.2 BIM技术研究

9.2.1 国外BIM技术的研究现状

从20世纪70年代起，国外的一些学者和研究机构对BIM技术进行了深入的研究和开发，并不断取得丰硕的成果。

(1) 1997年，国际协同联盟（the International Alliance for Interoperability，IAI组织）发布了基于BIM技术的IFC标准（Industry Foundation Classes，工业基础类标准），为BIM数据的共享与交换提供了标准和格式。

(2) 2004年，美国为促进BIM技术的研究、应用与发展，编制了基于BIM技术和IFC标准的《国家BIM标准》——NBIMS（National Building Information Model Standard），它规定了基于IFC数据格式的建筑信息模型在不同行业之间信息交互的要求。

(3) 2006年，在对国际标准ISO 12006-3研究的基础上，产生了IFD标准（International Framework Institute，国际字典标准），明确了每一种建筑构件的概念和属性。

(4) 国际智能建筑联盟（BuildingSMART International，前身为IAI组织）发布了IDM标准（Information Delivery Manual，信息交付标准），用于描述和规范建筑信息的各个阶段、阶段需求、交换过程等。

(5) 美国哈佛大学的Cote P. 等人提出数字城市的构建，将BIM技术同GIS技术相结合，可以实现真正意义上的数字城市。美国伊利诺伊大学的Golparvar Fard，Mani等人BIM技术和摄像技术相结合，将资料输入计算机中，实现其3D施工的模拟，并对下一步施工作出合理规划。

(6) 加拿大基础设施研究中心的Mahmoud M. R. 等人完成了基于BIM技术的建筑集成平台的研究，已经开发完成图形编辑、构件数量统计、预算、工程管理等功能。

(7) 威尔士大学卡迪夫学院的Evans Nick等人对BIM技术的应用进行了尝试，在建筑信息模型的共享与转换方面进行了探索。

(8) 德国包豪斯大学的Nour M. 等人开发了基于IFC标准的动态建筑信息模型数据库，通过此数据库，设计师可以与建筑材料供应商进行沟通并获取材料清单，可以对特殊材料进行订购等。

(9) 英国索尔福德大学的Fara j等人开发基于BIM技术的建筑设计协同平台WISPER，已实现建筑信息模型数据的构建与存储、工程概预算、建筑计划书自动生成等功能。

(10) 新加坡于2009年建立了基于IFC标准的政府网络审批电子政务系统。政府要求所有的软件都要输出符合IFC2x标准的数据，检查程序不需人工干预，即可自动完成任务。

(11) 韩国公共采购服务中心下属的建设事业局制定了BIM技术实施指南和发展图，于2010年1月发布了《建筑领域BIM应用指南》。

(12) 日本的标准为CALS/EC（Continuous Acquisition and Lifecycle Support/Electronic Commerce），包括建立建筑业信息化框架、研制相应的标准、开发相应的系统、进行示范应用、进行实际应用等。目前相应的标准研制和系统开发已经基本完成并投入使用。

9.2.2 国内BIM技术的研究现状

我国对BIM技术的研究起步较晚，目前BIM应用并不能实现全生命期的信息交换，没有真正的BIM软件产品，难以形成完整的、集成的建筑信息模型，无法支持面向建筑生命周期的工程分析和管理，BIM的潜在价值未能得到充分发挥，其根本原因是尚未形成符合中国国情的BIM标准体系，因此，建立一套适合我国国情的统一BIM标准已经成为当前中国BIM应用和发展的最迫切任务。

(1) 鉴于BIM技术的重要性，我国在"十五"和"十一五"期间通过实施科技攻关计划和科技支撑计划，加强对BIM的理论、方法、工具和标准的研究。

国家"十五"科技计划中的"基于IFC国际标准的建筑工程应用软件研究"课程，课程重点是"对BIM数据标准IFC和应用软件的研究，开发了基于IFC的结构设计和施工管理软件"。

国家"十一五"科技支撑计划中的"基于BIM技术的下一代建筑工程应用软件研究"课程，从研究的广度和深度方面都有了进一步的拓展，课程重点是"基于BIM技术的建筑设计、节能设计、成本预测、施工优化、施工安全分析等下一代建筑工程软件"。

国家"十二五"期间，住房和城乡建设部以建质［2011］67号文件发布《2011—2015年建筑业信息化发展纲要》，要求坚持自主创新、重点跨越、支撑发展、引领未来的方针，高度重视信息化对建筑业发展的推动作用。其总体目标是："十二五"期间，基本实现建筑企业信息系统的普及应用，加快建筑信息模型（BIM）、基于网络的协同工作等新技术在工程中的应用，推动信息化标准建设，促进具有自主知识产权软件的产业化，形成一批信息技术应用达到国际先进水平的建筑企业。

(2) 中国建筑科学研究院，从1997年开始跟踪IAI组织以及IFC标准，于2005年加入IAI组织，并不断加强与国际组织的联系，以参与其标准编制，使国际标准能够适合我国国情。

2002年，中国建筑科学研究院向建设部申请编制相关建筑行业标准——《建筑对象数字化定义》标准，主要内容是采用面向对象的方法，统一对建筑对象的描述和定义。建设部以建标［2002］95号文批准了该标准的编制。该标准已经于2006年5月31日通过专家评审。

2008年，中国建筑科学研究院、中国标准化研究院起草了GB/T 25507—2010《工业基础类平台规范》，根据我国国家标准的制定要求，将IFC标准在编写格式上进行了一些改动。

(3) 清华大学软件学院，于2009年初成立了BIM课程组，与国内相关的建筑设计单位、施工单位、软件公司合作，就中国BIM标准框架开展了较为深入和系统的研究。

2010年，清华大学BIM课题组提出了一个与国际标准接轨并符合中国国情的开放的中国建筑信息模型标准——CBIMS（Chinese Building Information Modeling Standard）。在CBIMS中，技术规范包括IFC、IFD、IDM的标准研究，BIM标准框架主要包括标准规范、使用指南、标准资源。

(4) 国内多所高校也在BIM技术的研究方面做出大量卓有成效的工作，取得了一定成绩。

清华大学，开发了基于 IFC 标准的建筑工程 4D 施工管理系统（4D-GCPSU 系统）；提出了基于 BIM 技术的建筑成本核算预算软件系统模型；其研究成果在国内高校中领先。

同济大学，提出了基于 BIM 技术的建筑和结构设计阶段的信息模型集成框架体系。

北京航空航天大学，初步完成了 IFC 模型与 PKPM 模型之间的数据转换等功能。

上海交通大学，研究了基于 IFC 标准的建筑结构模型的自动生成以及与相关软件模型的转换。

重庆大学，对 BIM 技术在建筑设计上的应用进行研究，并分析 BIM 技术的应用案例。

9.3　BIM 技术标准

尽管在我国市场上存在着众多的图形支撑平台、专业应用软件，已经大大提高了建筑业的质量和效率，节省时间，降低成本。但是这些软件是由不同软件开发商所研制的，并且彼此不能完全兼容，其所产生的建筑信息模型也是不同的格式，使得建筑业中的各专业、甚至同专业之间都难以进行建筑信息的共享与转换，设计单位、施工单位、运营管理单位三者之间也无法进行建筑信息的整合，“建筑信息孤岛”现象非常严重。这些问题的核心原因是“没有建立统一的 BIM 技术标准”。

为促进中国 BIM 的应用与发展，就必须借鉴和学习国外的先进理念和成功经验，特别需要在重点研究美国有关 BIM 技术标准的基础上，不断探索和建立适合中国国情的 BIM 标准体系。

总体来讲，BIM 技术的基础是数据标准，BIM 技术的核心是建筑信息模型的共享与转换，BIM 技术的目标是实现建筑生命周期过程中的协同工作。而实现 BIM 技术的应用和发展，需要通过 IFC 标准、IFD 标准、IDM 标准的制定来实施。

9.3.1　BIM 技术的相关标准

技术标准是任何一项新技术广泛应用的重要条件和实施基础，BIM 技术在建筑业的应用也同样需要一套完整的标准和规范。目前，IFC 标准、IFD 标准、IDM 标准已经得到业内共识。

1. IFC 标准

IFC 标准（Industry Foundation Classes）在 BIM 技术中是最为成熟的，经过多年的发展，IFC 已经成为共享、转换建筑信息模型数据的标准格式。IFC 标准版本发布历史如图 9-6 所示。

IFC 标准是直接面向建筑对象的工业基础类的三维建筑数据模型标准，使用 EXPRESS 语言来描述，能够促成建筑业中不同专业以及同一专业中的不同软件可以共享同一个数据源，从而达到建筑信息的共享及交换，在横向上支持各应用软件之间的数据交换，在纵向上解决建筑生命周期过程中的数据管理。IFC 模型不仅仅包括了那些看得见、摸得着的建筑元素（如梁、柱、板、吊顶、家具等），也包括那些抽象、看不见的概念（如计划、空间、组织、造价等）。

国际协同联盟（the International Alliance for Interoperability，IAI 组织）于 1995 年 10 月在北美建立，IAI 宗旨是为建筑业提供一个统一的过程改进和信息共享基础，发展目标是在建筑生命周期范围内改善信息交换、提高生产力、缩短交付时间、降低成本、提高工程质量。IAI于1999年1月发布IFC标准的第一个完整版本IFC1.5，而IFC 2x platform.版本已经被ISO组织接纳为ISO标准（ISO 16739，可出版应用版本）。IAI组织现为buildingSMART组织。

最新IFC版本为2011年发布的IFC2x4 Release Candidate 3。它包含9个建筑领域：①建筑领域；②结构分析领域；③结构构件领域；④电气领域；⑤施工管理领域；⑥物业管理领域；⑦HVAC领域；⑧建筑控制领域；⑨管道以及消防领域。除此之外，IFC下一代标准正扩充到施工图审批系统、GIS系统等。

如今已经有越来越多的建筑业相关产品提供了IFC标准的数据交换接口，使得各部门各专业的规划、设计、施工、运营的一体化整合成为现实。在众多版本中，IFC2x3得到广泛应用，国际上一些主流的BIM软件都通过了IFC2x3认证，支持IFC数据格式的输入和输出。

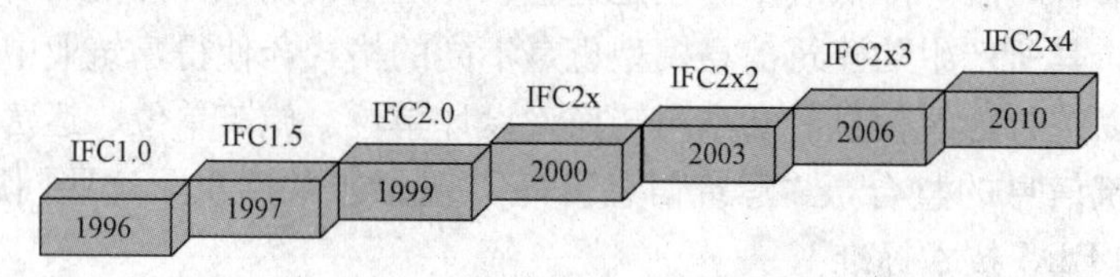

图9-6 IFC标准的版本发布历史

2. IFD标准

近年来，基于BIM技术的IFC建筑信息模型在建筑生命周期过程中得到广泛应用，建筑信息通过BIM软件来实现建筑信息模型的共享与转换。然而IFC标准的制定是由大量建筑构件组成的，建筑构件的命名往往与构件的类型、形体、材料等属性密切相关，因此，需要制定一个类似字典的标准。在此标准中，需要对每种建筑构件所具有的含义、使用方法、使用位置、使用阶段等属性进行明确的定义。由于在不同的国家和地区建筑构件的属性是不同的，要求此标准必须是全球的。

1999年在温哥华的ISO会议上，制定了对建筑构件命名的国际标准ISO 12006-3。此标准发布后，荷兰STABU公司与挪威BARBI公司开始研究此标准，并于2006年2月签署协议，将研究成果联合起来，形成了IFD标准（International Framework Institule，国际框架研究）。2006年在葡萄牙里斯本的buildingSMART会议上，总结了前期IFD标准研究成果，并根据ISO 12006-3标准继续对IFD标准进行了制定和开发。2009年4月后，IFD标准归属于buildingSMART组织。

IFD标准的内容主要包括以下两个方面：一是概念。每个概念都具有明确的定义，一个概念在不同语言中有不同的名字，甚至在同一种语言中也会存在不同的名字，如“粉面”与“罩面”的概念是相同的。另一方面，一个名字可能表示多个概念，如“门”可理解为“门扇”或“门框”。二是属性。一个概念通常具有多个属性，如功能、影响、测量方法、单位等。在给定的环境下，同一个概念会和不同属性之间建立链接。

目前，IFD标准由buildingSMART组织的IFD标准开发组（IFD Library Group）负责开发；IFD Library API2.0是IFD标准的最新版本。

3. IDM标准

IFC标准已经满足了建筑的全生命周期，当建筑完工后，所有信息将整合为建筑信息模型。但是 IFC 标准却没有考虑到各个阶段中建筑信息模型处理中所存在的一些问题。例如，大量应用 IFC 标准的项目只有在下一阶段已经开始实施时，才会描述下一步的流程图；而当一个阶段的工作完成后，工作的流程图和该阶段中的建筑信息并未被整合、存储。同时集合多个专业建筑信息的 IFC 标准，并没有定义应生成怎样的建筑信息，建筑信息该怎样被其他参与方所共享。建筑信息在传递过程中的安全性、可靠性和使用价值非常重要，IFC 标准需要解决如何获取建筑信息模型的问题。

IDM 标准（Information Delivery Manual，信息交付标准）能够解决上述问题。IDM 标准的应用可以使 IFC 建筑信息模型更加贴近一个真实的建筑工程，有助于实现建筑信息模型的集成。

IDM 标准可以对建筑生命周期过程中的各个工程阶段进行明确的划分，详细定义在每个工程节点各专业人员所需要的建筑信息，将 IFC 模型拆分，使 IFC 建筑信息模型更易被使用，并且模型的各个部分仍然关联。IDM 标准提供了一整套的基本建筑流程模块，可以帮助在建筑的设计和施工过程中更好地做到建筑信息的交互，最终保证了 BIM 技术的价值得到更好的体现。

IDM 标准对建筑信息模型进行了规范，一是定义了建筑生命周期过程中各个阶段；二是明确了各个阶段对建筑信息的需求；三是确定了建筑信息的生成者、使用者及相关人员；四是制定了各专业软件对建筑信息的筛选方法。

4. IFC 标准、IFD 标准、IDM 标准之间的关系

BIM 技术的目标是在建筑生命周期过程中实现建筑信息模型的共享与转换。此目标的实现需要三个基本条件：一是制定建筑信息模型标准，二是制定建筑信息模型解读标准，三是制定建筑信息模型传递内容、工程阶段划分标准。所以，只有通过 IFC 标准、IFD 标准、IDM 标准的制定和应用才能真正实现 BIM 技术对建筑信息模型的共享与转换（图 9-7）。

IFD
术语
IDM
过程
BIM
IFC
数据标准

图 9-7　BIM 技术与标准的关系

在 BIM 技术的应用和建筑生命周期过程中，IFC 标准、IFD 标准、IDM 标准具有不同的角色。

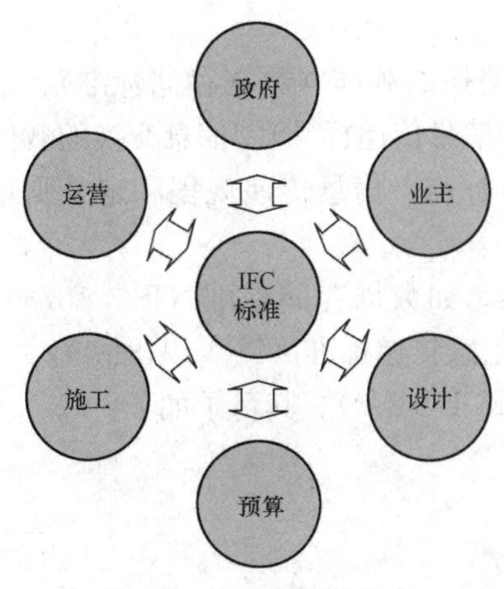

图 9-8　IFC 标准的角色

（1）IFC 标准的角色（图 9-8）。IFC 标准对建筑生命周期过程中的建筑信息模型进行了定义，所有与建筑有关的信息都可以通过 IFC 建筑信息模型在建筑业不同部门、不同专业之间进行建筑信息的共享与转换。

（2）IFD 标准的角色（图 9-9）。IFD 标准的功能，就是对 IFC 建筑信息模型的一个翻译，是对 IFC 标准的补充和完善。为了使建筑信息模型能够得到正确的识别，需要对 IFC 建筑信息模型所包含的信息进行解析。例如，建筑师想要提供梁与柱的材料类型，就需要通过 IFC 格式的文件对其进行纯文本的说明，即使整个语言都是拼写无误的，也不能保证建筑信息的接受方可能性准确无误地读取其模型的信息，同时可能会存在不同语言、或合成词的使用使得无法对信息进行正确的解析。

(3) IDM标准的角色（图9-10)。IDM标准定义了建筑生命周期过程中每个阶段所需要交换的建筑信息以及它与整个建筑信息模型之间的关系。例如，一个建筑师在对建筑进行设计时，需要结构工程师所提供的结构信息，如哪些柱子和墙是承重的，哪些是非承重的；同时，结构工程师需要建筑师所提供的相关建筑信息，这样才可以对荷载进行正确的计算。IDM标准的应用，可以使建筑信息的交换自动完成并对其进行检查，例如在上述案例中，结构工程师可以通过程序，利用计算机根据IDM标准中定义的现阶段所需的建筑信息，自动检查建筑师是否已经提供足够的信息，以保证结构工程师下一步工作的进行。

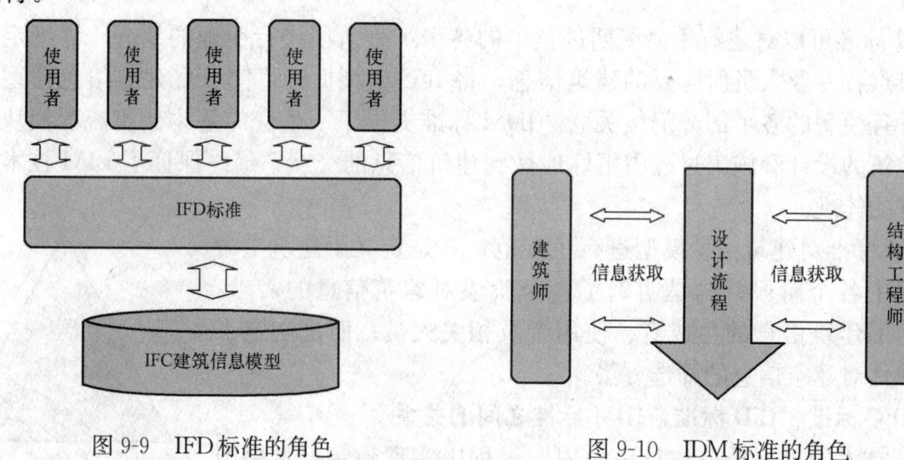

图9-9 IFD标准的角色　　图9-10 IDM标准的角色

9.3.2 美国国家BIM标准（NBIMS-US）

美国BIM技术的应用与普及程度较高。2004年，美国为促进BIM技术的研究、应用与发展，基于IFC标准制定了《国家BIM标准》——NBIMS。NBIMS标准对于各个国家都有较大的借鉴价值。

美国NBIMS致力于推动和建立一个开放的BIM技术的指导性和规范性的标准，它规定了基于IFC数据交换标准的建筑信息模型在不同部门之间、不同专业之间进行信息交互的需求。

美国NBIMS标准体系包括三个核心组成部分：信息交换的载体（数据存储标准)、信息交换的数据库（信息语义标准)、信息传递规程和定义（信息传递标准)。信息交换的载体主要采纳IFC标准，信息交换的数据库主要采纳北美地区标准，信息传递规程和定义则是NBIMS研究的核心。

对应NBIMS标准，国际ISO组织亦发布一系列标准，如数据存储标准（ISO 16739，即IFC)、信息语义标准（ISO 12006-2和ISO 12006-3)、信息传递标准（ISO 29481-1)。

美国在2010年发布《国家BIM标准》第二版（NBIMS-US 2.0)。其目录如下：

9.3.3 中国 BIM 发展联盟的 BIM 标准框架研究

2012 年 3 月 28 日，中国 BIM 发展联盟在中国建筑科学研究院成立，是为推进我国 BIM 技术的应用、标准和软件的协调配套发展，实现技术成果的标准化和产业化而成立的组织。

中国 BIM 发展联盟结合中国国情并借鉴国外 BIM 成功经验，提出 P-BIM（Practice BIM）的概念，将 BIM 分为三个层次：专业 BIM（Professional BIM）、阶段 BIM（Phase BIM，包括工程规划、勘察与设计、施工、运维阶段）、项目 BIM（Project BIM）或全生命期 BIM（Lifecycle BIM）。P-BIM 概念的引入，是中国 BIM 标准编制的技术路线和工作方法。基本思路是以国内现有的建筑业专业应用软件与 BIM 技术紧密结合为基础，首先开展专业 BIM 技术和标准的课题研究，形成专业 BIM；然后将专业 BIM 集成，形成阶段 BIM；最后将各阶段 BIM 连通，形成项目全生命期 BIM。

中国 BIM 发展联盟提出了中国 BIM 标准顶层设计的框架，如图 9-11 所示，将建筑工程生命周期划分为四个阶段：策划与规划、勘察与设计、施工与监理、运营与维护。

上述工作的最终目标是编制中国 BIM 技术标准，即《建筑工程信息模型应用统一标准》（简称为 NBIMS-CHN）。目前包括中国建筑科学研究院、上海市建筑科学研究院（集团）有限公司等设计单位，清华大学、同济大学等高等学校，欧特克软件（中国）有限公司和苏州浩辰软件股份有限公司等软件开发商等在内的 132 家单位分别参与了 NBIMS-CHN 标准的 10 课题、38 个子课题的研究工作。

图 9-11 NBIMS-CHN 框架

中国 BIM 技术研究与标准编制的落脚点是“开发中国 BIM 软件”，从战略上分两步走，第一步是改造和提升国内现有专业软件的 BIM 能力，第二步是开发新的完全基于 BIM 技术的专业软件。

9.3.4 清华大学 BIM 课题组的 BIM 标准框架研究

成立于 2009 年初的清华大学 BIM 课题组，在走访国内有代表性的 50 家工程建设行业企业以及研究美国、欧洲、日本、中国香港、中国台湾等大量的 BIM 案例和各类应用软件的基础上，提出一个 BIM 标准体系 CBIMS（Chinese Building Information Modeling Standard）的概念和方法（图 9-12）。

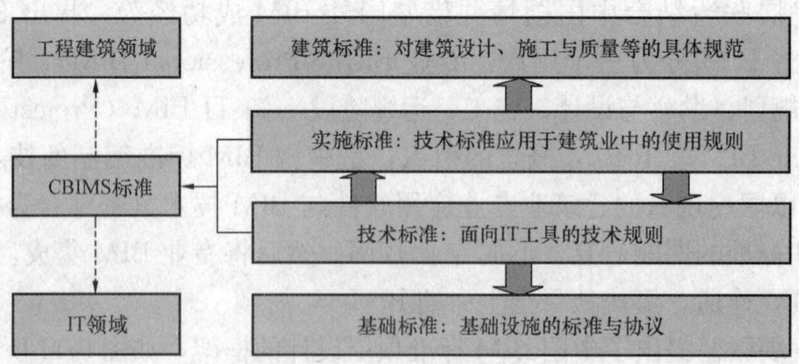

图 9-12 CBIMS 的体系框架

在 CBIMS 体系框架中，自上而下由建筑领域向 IT 领域延伸，建筑信息与信息技术相融合，从而构成了标准化的建筑信息，中间的两层属于 CBIMS 标准范畴（含技术标准、实施标准）。

（1）建筑标准。建筑标准是建筑工程项目的设计、施工、运营等生命周期的具体要求及一般原则，包括各类标准图库、行业规范、设计标准、质量规范、工程做法等。

（2）基础标准。基础标准是 IT 基础设施的标准，如 XML 协议、TCP/IP 网络协议、电子邮件协议、无线局域网标准等。目前，基础标准与建筑标准相对完备。

（3）技术标准。技术标准由三个标准组成：一是数据存储标准，是对建筑信息标准化的描述。它规范了建筑信息描述与存储的语言，以结构化的方式定义建筑实体及其属性。二是信息语义标准，是对建筑信息标准化的理解。它是对信息涵义及其之间关系的规范，以实现不同系统对信息的理解一致。三是信息传递标准，是对建筑信息化的传递。它对建筑信息进行划分，在特定的活动间进行传递，从而规范建筑信息的生成与使用。CBIMS 标准的技术特点是面向互联网的协同、集成。

（4）实施标准。同技术标准一样，CBIMS 实施标准也是一个覆盖建筑生命周期的标准。它向下引用 CBIMS 技术标准，以获得 IT 领域的技术支持；向上兼容现有行业规范、设计标准；实施标准是建筑设计、施工和运营阶段相应的具体规范，是将 CBIMS 技术标准与实际业务活动相融合的规范。

CBIMS 把 BIM 标准分成了两个体系：一是技术标准体系。也就是面向 IT 的技术规则，其依据是信息模型，属于信息技术的研究范畴。另一个是实施标准体系。是基于过程建模的实施框架并确定了建筑信息的分类、存储、传递的统一规则。

9.4　BIM 技术应用

9.4.1　BIM 技术在工程设计方面的应用

BIM 可实现各专业间的协同设计，最典型的 BIM 技术应用就是建筑、结构、暖通、给排水、电气等专业设计的"碰撞检测"。利用 BIM 技术可分别创建不同专业的模型，然后将其导入到同一个文件或者数据库中，提取建筑信息，查找实体间的重叠关系，最后生成碰撞检测报告。此方法具有快捷、准确、直观等特色，尤其是适合于大规模的、复杂的工程设计的智能碰撞检测与分析。

在传统的工程设计中，要在各专业完成设计图纸后召开专门的协调会议，把不同专业的平面图印在透明的图纸上，然后叠放在一张发光的桌子上相互比较，各专业的协调优先级从高到低依次是建筑、结构、暖通、给排水、电气等系统，优先级低的系统要给高的系统让步。这种依靠纯人工参与的做法极其耗时、耗力，往往要通过多次专门的协调会议才能通过。但是即使这样，也可能会出现各种问题，如果遇到复杂的工程设计时，更容易造成遗漏。由于设计不当而引起的返工，不仅会大幅度提高成本，还会延长施工周期。因此，智能碰撞检测非常重要，此技术现已成功应用。

此外，BIM 技术也成功应用于"节能设计"。BIM 技术使用数据库管理的数字化建筑信息，不但包括建筑结构的空间描述，还包括建筑材料参数以及建筑物内的设备参数。由以上信息构成的建筑信息模型可以在设计阶段为能耗分析提供重要的依据，通过导入专业的能耗分析软件中来综合评价新建建筑的性能，并比较不同设计方案的节能水平。

据了解，目前全球有 100 多种专业应用软件能够支持 BIM 技术。而基于 BIM 技术开发并通过 IFC 认证的软件产品得到了更为广泛的应用，见表 9-1。

表 9-1　BIM 软件

软件开发商	软件名称	应用专业	支持功能
Autodesk	AutoCAD Architecture	建筑	IFC 输入/输出
Autodesk	Revit Architecture	建筑	IFC 输入/输出
Bentley	Bentley Architecture	建筑	IFC 输入/输出
Graphisoft	ArchiCAD	建筑	IFC 输入/输出
Gehry Technologies	Digital Project	建筑	IFC 输入/输出
NEMETSCHEK America	Vectorworks	建筑	IFC 输入/输出
RIB	Arriba CA3D	建筑	IFC 输出
NEMETSCHEK SCIA	Scia Engineer	结构	IFC 输入/输出
Design Data	SDS/2	结构	IFC 输入/输出
Tekla	Tekla Structures	结构	IFC 输入/输出
Autodesk	AutoCAD MEP	设备	IFC 输出
Data Design System	DDS-CAD MEP	设备	IFC 输出
Plancal	Nova	设备	IFC 输入/输出

9.4.2　基于 BIM 技术的实际工程设计成功案例

1. 水立方——2008 北京奥运会国家游泳中心

水立方的建筑面积约 8 万 m^2，高约 30m；由中国建筑工程总公司、澳大利亚 PTW 公司和澳大利亚 Arup 公司联合设计；使用了 Bentley 公司的 BIM 软件，设计出世界上唯一的一个完全由膜结构进行全封闭的公共建筑。

2. 上海世博会中国馆

中国馆包括国家馆、地区馆、港澳台馆三个部分；由华南理工大学建筑设计研究院、清华大学建筑学院、北京清华安地建筑设计顾问有限责任公司、上海建筑设计研究院有限公司联合设计；采用了钢筋混凝土筒体＋组合楼盖结构体系；使用 Tekla Structures 结构软件进行建模、设计。

3. 江苏建筑职业技术学院新图书馆

新图书馆总建筑面积 27 896m^2，设计单位为中国建筑设计院；新图书馆的 BIM 模型文件能够在 Revit 中打开，可分别导出 IFC、DXF、gbXML 格式文件；建筑、结构、给排水、暖通、电气五个专业，分别利用 Revit 完成了施工图设计，进行了碰撞检测、疏散模拟、施工模拟等。

4. 珠海中国华融大厦

华融大厦总建筑面积 15 万 m^2，中国电子工程设计院负责方案深化设计及施工图设计；该项目的三维设计流程采用 BIM 模型拆分，真正实现了专业内的三维协同设计、各专业之间的协同设计、全专业间的三维综合碰撞检测；所使用的 Autodesk Revit 软件发挥了非常重要的作用。

5. 天津泰达广场

泰达广场项目规划总用地面积约 8.2 万 m^2，总建筑面积 49.3 万 m^2；采用 BIM 技术来进行深入设计，更加注重效果展示、实物模拟以及团队的协同设计、方案优化；在本项目中，进行了机电系统的碰撞分析，实现二维与三维之间的自动转化，节省了时间、人力和财力。

6. 香港科技园

香港在我国工程项目中最早引入了 BIM 理念与 BIM 技术应用；香港科技园由香港科技园公司策划、兴建和运作，在二期工程实施过程中基于 BIM 的三维可视化特性，解决工程中设计单位、施工单位的沟通协调问题，对项目进行优化；施工单位建立 4D 信息模型，进行了施工的展示、模拟。

7. 澳大利亚墨尔本 Eureka 大厦

Eureka 大厦共 92 层，总高度 300m，是应用 BIM 的概念、方法和步骤进行设计的最大工程项目之一；承担该工程的 FKA 公司采用了 BIM 技术并引入 ArchiCAD；该工程约 1000 张施工图都是基于 BIM 的 3D 模型直接生成的，每一个模型的任何修改都会使相应的施工图自动更新。

8. 罗马尼亚布加勒斯特新体育馆

2009 年欧特克 BIM 经验大奖授予了此工程项目；设计团队利用 Autodesk Revit Architecture 在短短四周内就完成了新体育馆的方案设计；随后利用 Revit Architecture 和 3ds Max Design 制作了设计可视化的投标演示方案；并使用 Autodesk Navisworks 进行项目协调和四维施工管理。

参 考 文 献

清华大学 BIM 课题组. 中国建筑信息模型标准框架研究 . 北京：中国建筑工业出版社，2011.